Der vollständige Thesaurus besteht aus
vier einsprachigen Fassungen
(Deutsch, Englisch, Französisch und Italienisch)
sowie einem viersprachigen Register.

An der Ausarbeitung dieses Thesaurus waren die nachstehenden Organisationen beteiligt

MINISTERIE VAN LANDBOUW, LANDBOUWECONOMISCH INSTITUUT, AFDELING DOKUMENTAIRE EN STATISTISCHE ANALYSES, BRUSSEL

FORSCHUNGSGESELLSCHAFT FÜR AGRARPOLITIK UND AGRARSOZIOLOGIE E.V., DOKUMENTATIONSSTELLE, BONN

TECHNISCHE HOCHSCHULE MÜNCHEN, INSTITUT FÜR WIRTSCHAFTSLEHRE DES LANDBAUES, DOKUMENTATIONSSTELLE, WEIHENSTEPHAN

RESEAU DE DOCUMENTATION EN ECONOMIE AGRICOLE (RESEDA), PARIS

MINISTERO DELL'AGRICOLTURA E DELLE FORESTE, DIREZIONE GENERALE DELLA PRODUZIONE AGRICOLA, DIVISIONE INFORMAZIONE E DOCUMENTAZIONE, ROMA

COMMONWEALTH AGRICULTURAL BUREAUX (CAB), COMMONWEALTH BUREAU OF AGRICULTURAL ECONOMICS, OXFORD

unter der Schirmherrschaft der

KOMMISSION DER EUROPÄISCHEN GEMEINSCHAFTEN

auf Empfehlung der Arbeitsgruppe Landwirtschaft des Ausschusses
für wissenschaftlich-technische Information und Dokumentation.

Kommission der Europäischen Gemeinschaften
Commission of the European Communities
Commission des Communautés européennes
Commissione delle Comunità europee

Agrarökonomie und ländliche Soziologie
Mehrsprachiger Thesaurus

Agricultural Economics and Rural Sociology
Multilingual Thesaurus

Economie Agricole et Sociologie Rurale
Thesaurus Multilingue

Economia Agraria e Sociologia Rurale
Thesaurus Multilingue

1 Deutsche Ausgabe

K·G·Saur München·New York·London·Paris 1979

Der Thesaurus wurde mit Hilfe des ASTUTE Programms der Kommission der Europäischen Gemeinschaften erstellt und herausgegeben von der Generaldirektion Wissenschaftliche und Technische Information and Informationsmanagement, Kommission der Europäischen Gemeinschaften, Jean-Monnet-Gebäude, Plateau du Kirchberg, Luxemburg

EUR 6017

HINWEIS
Weder die Kommission der Europäischen Gemeinschaften noch Personen, die im Namen dieser Kommission handeln, sind für die etwaige Verwendung der nachstehenden Informationen verantwortlich.

K. G. SAUR VERLAG KG
Pössenbacherstr. 2b
D-8000 München 71
Federal Republic of Germany
Tel. (089) 798901
Telex 521 2067 saur d

CLIVE BINGLEY Ltd. &
K. G. SAUR Ltd.
1–19 New Oxford Street
London WC1A 1 NE
United Kingdom
Tel. 01-404 48 18
Telex 24 902 bingle g

K. G. SAUR EDITEUR S.a.r.l.
38, rue de Bassano
F-75008 Paris
France
Tel. 7 23 55-18
Telex Iso Bur. 6 30 144

K. G. SAUR Publishing Inc.
175 Fifth Avenue
New York, N. Y. 10010
USA
Tel. (212) 477-2500
Telex 238 386 kgsp ur

ISBN 3-598-10098-1 (Deutsche Ausgabe)
ISBN 3-598-10097-3 (5-teilige mehrsprachige Ausgabe mit Register)

CIP-Kurztitelaufnahme der Deutschen Bibliothek

Agrarökonomie und ländliche Soziologie : mehrsprachiger Thesaurus = Agricultural economics and rural sociology = Economie agricole et sociologie rurale / Komm. d. Europ. Gemeinschaften. [Der Thesaurus wurde mit Hilfe d. ASTUTE-Programms d. Komm. d. Europ. Gemeinschaften erstellt u. hrsg. von d. Generaldirektion Wissenschaftl. u. Techn. Information u. Informationsmanagement, Komm. d. Europ. Gemeinschaften. An d. Ausarbeitung dieses Thesaurus waren d. nachstehenden Organisationen beteiligt: Ministerie van Landbouw, Landbouweconom. Inst., Afd. Dokumentaire en Statist. Analyses, Brussel ...]. – München, New York, London, Paris : Saur.
ISBN 3-598-10097-3

NE: Europäische Gemeinschaften / Kommission; Europäische Gemeinschaften / Generaldirektion Wissenschaftliche und Technische Information und Informationsmanagement; 1. PT; 2. PT

1. Deutsche Ausgabe. – 1979.
(EUR ; 6017)
ISBN 3-598-10098-1

K. G. Saur Verlag KG, München
EDV und Lichtsatz Digiset: Imprimerie Centrale, Luxembourg
Druck/Binden: Hain-Druck KG, Meisenheim/Glan
Printed in the Federal Republic of Germany

VORWORT

In der vom Ministerrat der Europäischen Gemeinschaften 1971 verabschiedeten Entschließung werden die gemeinschaftspolitischen Grundlagen zur Koordinierung der Tätigkeit auf dem Gebiet der wissenschaftlich-technischen Information in den Mitgliedstaaten dargelegt. In Zusammenarbeit mit dem Ausschuß für wissenschaftlich-technische Information und Dokumentation (AWTID) legte die Kommission der Europäischen Gemeinschaften einen ersten Dreijahres-Aktionsplan für den genannten Bereich vor, den der Rat am 18. März 1975 billigte. Ein wesentliches Ziel des Aktionsplans bestand darin, die informationswissenschaftlichen Verfahren zu verbessern sowie insbesondere geeignete mehrsprachige Hilfsmittel zur Erleichterung des Informationsaustauschs zu entwickeln.

Im Rahmen dieser Politik wurden — auf Empfehlung des AWTID — unter der Schirmherrschaft der Kommission der Europäischen Gemeinschaften, Generaldirektion XIII — Wissenschaftliche und technische Information und Informationsmanagement — drei mehrsprachige Thesauri erstellt, die eng mit der Landwirtschaft verbundene Fachbereiche umfassen. Es handelt sich um die mehrsprachigen Thesauri Veterinärwissenschaft, Lebensmittel sowie Agrarökonomie und ländliche Soziologie.

An der Entwicklung der drei viersprachigen Thesauri (Deutsch, Englisch, Französisch und Italienisch) beteiligten sich Sachverständige aus verschiedenen Fachverbänden der Länder der Gemeinschaft.

Die Arbeiten am mehrsprachigen Thesaurus „Agrarökonomie und ländliche Soziologie" wurden von einer Sachverständigengruppe eingeleitet, die die Arbeitsgruppe „Landwirtschaft" des AWTID zusammengerufen hatte. Sie sollte die Frage untersuchen, inwieweit die Errichtung eines kooperativen Informationssystems für das landwirtschaftliche Management (AMIS — Agricultural Management Information System) praktikabel erschien. Es war evident, daß die Zusammenarbeit zunächst die Harmonisierung der von den einzelnen Fachorganisationen in der Gemeinschaft verwendeten Indexierungsverfahren erforderte, indem man ihnen ein einheitliches mehrsprachiges Instrument zur Verfügung stellte. Ein derartiges Instrument würde als Retrievalhilfe dienen, so daß die Benutzer bibliographische Datenbasen mit Hilfe von Indexierungstermini in ihrer Sprache recherchieren und in einer der anderen Sprachen indexierte Dokumentverweise wiederauffinden können.

Der mehrsprachige Thesaurus wurde in etwas über zwei Jahren (Ende 1975 bis Ende 1977) erstellt und von der Kommission maschinell verarbeitet.

Die Kommission hofft, daß sie den an der landwirtschaftlichen Information interessierten europäischen Kreisen mit der Veröffentlichung einer ersten Ausgabe der drei Thesauri konkrete Ansatzpunkte für eine fruchtbare Zusammenarbeit in den drei Fachbereichen bietet.

R. K. APPLEYARD
Generaldirektor
Wissenschaftliche und Technische Information und Informationsmanagement

INHALT

EINLEITUNG

DEFINITION, SACHGEBIET UND METHODE DER ERSTELLUNG

Definition

In den ISO-Richtlinien ist ein Thesaurus nach seiner Funktion als „Mittel zur terminologischen Kontrolle" definiert, mit dessen Hilfe sich die natürliche Sprache, die sowohl in Dokumenten als auch von Indexierern und Benutzern verwendet wird, in ein strukturiertes kontrolliertes Vokabular eines bestimmten Fachgebiets übersetzen läßt, um so bibliographische Verweise, in erster Linie in maschinenlesbaren Datenbasen, zu indexieren und wiederaufzufinden. Ein wesentliches Merkmal des Thesaurus ist die Darstellung der Struktur und des Netzes der Relationen zwischen den Deskriptoren einerseits (den privilegierten Termini für Indexierung und Retrieval, den sogenannten „Deskriptoren"), sowie zwischen den Deskriptoren und den „Nichtdeskriptoren" (nicht privilegierten oder nicht zugelassenen Termini, die auf den an ihrer Stelle zu verwendenden Deskriptor verweisen). Die Struktur definiert den semantischen Inhalt und die Verwertung der Termini im vorgegebenen Kontext. In der mehrsprachigen Version werden die Termini noch durch fremdsprachliche Äquivalente verknüpft und so die Sprachfassungen des Thesaurus generiert. Die sprachlichen Äquivalente sind nicht einfach Übersetzungen von Ausdrücken anhand von Wörterbüchern, da wörtliche Übersetzungen nicht in jedem Fall den Begriff wiedergeben, der mit einem Deskriptor dargestellt werden soll. Folglich ist ein Thesaurus — gleichgültig ob ein- oder mehrsprachig — weder als umfassendes Klassifizierungsschema, Glossar oder Wörterbuch anzusehen noch als solches zu verwenden.

Sachgebiet

Der Erfassungsbereich des Thesaurus deckt die wichtigsten Aspekte der Agrarwirtschaft und -politik, des landwirtschaftlichen Managements sowie der ländlichen Soziologie, F & E und landwirtschaftliche Beratung ab. Einbezogen wurde außerdem in gewissem Umfang auch das Agrarrecht, sofern über einige allgemeine Termini Einigung erzielt werden konnte. In der Regel war es jedoch nicht möglich, in diesem Stadium bestimmte nationale Gesetze und Verfahren zu berücksichtigen, da sich diese von Land zu Land unterscheiden. Für nähere Angaben zum Sachbereich des Thesaurus vgl. die Liste der Mikrothesauri im Abschnitt „Regeln und Konventionen".

Methode der Erstellung

Als Ausgangspunkt für die Erfassung der Termini dienten bereits vorhandene, auf nationaler Ebene verwendete einsprachige kontrollierte Vokabulare (vgl. dazu den Abschnitt „Quellennachweis"). Um den nationalen Unterschieden in der Terminologie sowie den unterschiedlichen Erfordernissen und Ansätzen gerecht zu werden, erfolgte die Auswahl der Termini, die Einführung von Relationen und die Festlegung der fremdsprachigen Äquivalente in den vier Sprachen (Deutsch, Englisch, Französisch und Italienisch) gleichzeitig. Der Thesaurus wurde mit ASTUTE, dem Software-Paket der Kommission für Generierung, Updating, Erprobung, Redaktion und Druck ein- und mehrsprachiger Thesauri regelmäßig maschinell verarbeitet. Dabei überprüften die Programme die Thesaurusdaten auf formale und logische Fehler, generierten alle reziproken Relationen und hierarchischen Strukturen und druckten außerdem die ein- und mehrsprachigen Thesaurusfassungen.

Kriterien für die Auswahl der Deskriptoren waren die adäquate Darstellung eines Begriffs, Auswirkungen auf Indexierungs- und Retrievalverfahren, Geläufigkeit in jeder Sprache und, soweit bekannt, die Benutzungshäufigkeit. Die wichtigste Regel bestand darin, daß alle Begriffe durch *einen Deskriptor in jeder Sprache* darzustellen waren. Es wurden keine Lücken bei den sprachlichen Äquivalenten der Deskriptoren zugelassen und darauf geachtet, daß kein Deskriptor in einer Sprache absichtlich oder versehentlich mit zwei oder mehr anderen Deskriptoren einer der anderen Sprachen verknüpft wurde (diese Regeln fanden bei Nichtdeskriptoren und Erläuterungen (Scope Notes) keine Anwendung). Zu diesem Zweck griff man von Fall zu Fall zu unterschiedlichen Lösungen, die häufig Kompromißcharakter hatten. Um einen passenden Deskriptor zu finden, der in einer oder mehreren der anderen Sprachen für erforderlich erachtet wurde, ergab sich mitunter die Notwendigkeit, gelegentlich Termini zu erfinden, die in einigen Sprachen vielleicht unnatürlich wirken. So mußte man bisweilen den fremdsprachlichen Terminus übernehmen und in der Scope Note erläutern; in anderen Fällen konnte man den schwer zu bearbeitenden Termini in der betreffenden Sprache den Status eines Nichtdeskriptors geben und auf einen oder mehrere der zugelassenen Deskriptoren verweisen, die den Begriff annähernd darstellen. Solche Behelfe waren insofern gerechtfertigt, als ein Thesaurus ja ohnehin auf einer Reihe von Konventionen basiert; es handelt sich also lediglich um zusätzliche Konventionen, die es der Gruppe ermöglichten, zu einem praktikablen Konsensus zu gelangen, nachdem sie die Begriffe analysiert hatte.

Beispiele:

(1) „Banque de Travail"

Sprache	*Ausgewählter Deskriptor*	*Erklärung*
Deutsch	BANQUE DE TRAVAIL (Verrechnung von Arbeitszeiten zwischen mehreren Betrieben)	Unübersetzte Bezeichnung mit erklärender Scope Note auf Deutsch
Englisch	WORK BANKS UF labour banks	konstruierte, jedoch akzeptable Bezeichnung im Englischen mit einem Nichtdeskriptor
Französisch	BANQUE DE TRAVAIL	Fachterminus im Französischen
Italienisch	BANCA DI LAVORO	Wörtliche Übersetzung aus dem Französischen

Aus der Struktur, in die der Terminus eingegliedert ist, läßt sich seine Bedeutung näher erkennen:
sie ist ein Unterbegriff zu BETRIEBSHILFSDIENST, ein Terminus, der selbst Unterbegriff zu DIENSTLEISTUNGSKOOPERATION ist.

(2) Der englische Terminus „Farm recreations" wurde in einen Nichtdeskriptor umgewandelt (der auf Fremdenverkehr verweist):

farm recreations
USE **tourism**

(3) Deutsche Komposita mit der Komponente „Recht" (Bodenrecht, Erbrecht, ...) wurden in Nichtdeskriptoren umgewandelt:

bodenrecht+
USE **boden**
AND **gesetz**

Nach Fertigstellung wurde die erste Fassung des Thesaurus überarbeitet. Dazu wurde in jeder Sprachfassung eine Testindexierung kleineren Umfangs sowie eine ausführliche Revision vorgenommen. Aufgrund dieser Überprüfung wurden Änderungen der Struktur und der Sprachäquivalente sowie sonstige Korrekturen vorgenommen, Deskriptoren, Nichtdeskriptoren und Scope Notes neu aufgenommen oder gestrichen. Zusammenstellung und Überarbeitung des Thesaurus nahmen etwas mehr als zwei Jahre in Anspruch. Die Arbeit an einem Thesaurus ist nie abgeschlossen, er ist auch nie perfekt (erst recht nicht eine Ersstausgabe). Daher ist die gegenwärtig vorliegende Ausgabe insofern als experimentell anzusehen, als sie regelmäßig überarbeitet wird, damit der Thesaurus ein brauchbares Arbeitsmittel bleibt. Es ist also beabsichtigt, den Thesaurus auf aktuellem Stand zu halten und regelmäßig Änderungslisten herauszugeben, denen nach angemessener Zeit eine zweite Thesaurusausgabe folgen soll. Interessenten, die sich über den Thesaurus informieren möchten (d. h. Änderungslisten beziehen und Vorschläge machen wollen), werden gebeten, dies nach dem im Abschnitt „Thesaurus-Updating" beschriebenen Verfahren zu tun.

Kompatibilität

Die drei Thesauri (vgl. Vorwort) sind formal kompatibel, da sie nach gleichen Prinzipien und mit demselben Rechenverfahren entwickelt und aufgebaut wurden.

Was ihren Inhalt betrifft, so wurde ebenfalls ein gewisses Maß an Kompatibilität angestrebt:

- Bei Überschneidungen wurden die entsprechenden Abschnitte der Thesauri unter den Arbeitsgruppen ausgetauscht, die somit gegenseitig von ihrer Tätigkeit profitieren. Für Hierarchien von Obst, Gemüse, Fleisch, Lebensmittelprodukten, Lebensmittelindustrien wurde der mehrsprachige Thesaurus „Lebensmittel", für Listen von Tiernamen und Tierzucht-Termini wurde der mehrsprachige Thesaurus „Veterinärwissenschaft" konsultiert. Das Länderverzeichnis ist in allen drei Thesauri identisch.
- Bei gemeinsamen Termini bemühte man sich nach Möglichkeit um eine Harmonisierung, zumindest der Orthographie und Sprachäquivalente, der in mehr als einem Thesaurus verwendeten Deskriptoren.

  Allerdings erwies sich eine vollständige Kompatibilität zwischen den drei Thesauri weder als durchgehend praktikabel, noch wurde ihr in diesem Stadium höchste Priorität eingeräumt.

Beispiel:

Englisch	*Französisch*	
brain	cervelle	Lebensmittel – mehrsprachiger Thesaurus
	cerveau	Veterinärwissenschaft – mehrsprachiger Thesaurus

Jeder Thesaurus hat sein eigenes Sachgebiet und seinen eigenen Zweck; es erschien daher wichtiger, daß die Vertreter bereits bestehender nationaler Dienste desselben Sachgebiets Einigung erzielt und über diese mit den derzeit verwendeten nationalen kontrollierten Vokabularen ein gewisses Maß an Kompatibilität erreicht wurde.

Für die englische Sprachfassung des Thesaurus bemühte man sich um Kompatibilität mit der Schlagwörterliste, die das Commonwealth Bureau of Agricultural Economics (CBAE) für die Indexierung seiner Veröffentlichungen benutzt (World Agricultural Economics and Rural Sociology Abstracts; Rural Extension, Education and Training Abstracts; Rural Development Abstracts; Rural Recreation and Tourism Abstracts). Für die französische Thesaurusfassung ging es um Kompatibilität mit dem RESEDA-Thesaurus und dem Thesaurus des Landwirtschaftsministeriums; die deutsche Version wurde mit dem „Thesaurus der landwirtschaftlichen Betriebs- und Arbeitswirtschaft" abgestimmt.

REGELN UND KONVENTIONEN

Normen

Es wurden folgende Richtlinien und Normen für einsprachige Thesauri beachtet:

- UNISIST – Guidelines for the establishment and development of monolingual thesauri. UNESCO, SC/WS/555. September 1973.
- ISO 2788 – Documentation – Guidelines for the establishment and development of monolingual thesauri. 1974.
- AFNOR Z 47 100 – Documentation – Règles d'établissement des thésaurus en langue française. Décembre 1973. (Norme expérimentale).
- DIN 1463 – Richtlinien für die Erstellung und Weiterentwicklung deutschsprachiger Thesauri. Oktober 1972. (Vornorm).

Jede Sprachfassung des Thesaurus stimmt, für sich gesehen, mit den genannten Richtlinien überein. Betrachtet man alle Fassungen des Thesaurus als ein einziges Werk, so steht dieses ebenfalls in Einklang mit diesen Richtlinien, wobei jedoch die Dimension der Mehrsprachigkeit hinzu kommt. Alle Sprachen des Thesaurus wurden als gleichberechtigt angesehen, im Verlauf der Thesauruserstellung konnten sie jedoch einmal Ausgangs- und einmal Zielsprache sein.

Eigenschaften

(i) Zahl der in den Thesaurus aufgenommenen Termini:

Deskriptoren:	2270 in jeder Sprache
Nichtdeskriptoren:	190 in der deutschen Fassung
	360 in der englischen Fassung
	410 in der französischen Fassung
	250 in der italienischen Fassung

(ii) Tabelle der Relationen zwischen den Thesaurustermini und der für ihre Darstellung verwendeten Abkürzungen:

Art der Relation	*Reziproke Querverweise**	*Symbole***
1. Präferenzrelationen***		
(i) Äquivalenzrelationen	BENUTZE SYNONYM (USE; USE...AND)	USE; USE/AND
	BENUTZT FUER SYNONYM (USED FOR)	UF
(ii) Alternativrelationen	SIEHE/ODER (SEE ... OR)	SEE/OR (/OR)
	GESEHEN FUER (SEEN FOR)	SF
2. Hierarchierelationen	OBERBEGRIFF (BROADER TERM)	BT****
	UNTERBEGRIFF (NARROWER TERM)	NT
3. Assoziationsrelationen (oder affinitive Relationen)	VERWANDTER BEGRIFF (RELATED TERM)	RT

(iii) Termini (d.h. Deskriptoren und Nichtdeskriptoren) sind in „Wortblöcken" angeordnet, aus denen sich für jeden alphabetischen Eintrag die vollständige Struktur, d.h. das Netzwerk der Beziehungen zwischen dem Eintrag und den anderen Bezeichnungen im Thesaurus, ersehen läßt.

* Alle Relationen sind reziprok

** In allen Sprachfassungen wurden einheitlich die englischen Symbole verwendet, um den Thesaurus homogener zu gestalten; das geschah aber auch aus praktischen Gründen (im Italienischen gibt es keine genormten Symbole; in den französischen und deutschen Normen sind keine speziellen Symbole für die Alternativrelationen vorgesehen, außerdem darf die Notation für diese Relationen nicht mehr als drei Zeichen aufweisen). Die englischen Symbole sind zudem allseits bekannt.

*** Diese Relationen verknüpfen einen Nichtdeskriptor mit einem Deskriptor (und umgekehrt); alle anderen Relationen verknüpfen Deskriptoren miteinander.

**** BT1, BT2, usw. und NT1, NT2 usw. geben die hierarchische Ebene der Ober- bzw. Unterbegriffe eines alphabetischen Eintrags (Deskriptors) und somit seine Position innerhalb der Baumstruktur an.

Für jeden Deskriptoreintrag gibt der Wortblock die gesamte Hierarchie an, d.h. alle hierarchischen Ebenen der über- und untergeordneten Begriffe bis zu maximal 7 Ebenen. Insgesamt versuchte man jedoch, nach Möglichkeit nicht mehr als zwei bis vier Ebenen zu verwenden.

Beispiele von Wortblöcken

WETTBEWERBSBESCHRÄNKUNG	Deskriptoreintrag
BT1 wettbewerb	Oberbegriff zum Eintrag (1. Ebene darüber)
BT2 marktfaktor	Oberbegriff zum Eintrag (2. Ebene darüber)
NT1 monopol	Unterbegriff zum Eintrag (1. Ebene darunter)
NT1 oligopol	Unterbegriff zum Eintrag (1. Ebene darunter)
⋮	
NT1	Weitere Unterbegriffe, einschließlich eines Unterbegriffs,
NT2	der zwei Ebenen darunter liegt
rt dumping	Verwandter Begriff
LANDARBEITER	Deskriptoreneintrag
(hauptsächlich im soziologischen Sinn)	Erläuterung (Scope Note)
BT1 beruf	Oberbegriff zum Eintrag (1. Ebene darunter)
betriebsmittel	Nichtdeskriptoreneintrag
USE **produktionsmittel**	Deskriptor, auf den der Nichtdeskriptor verweist (Äquivalenzrelation)
PRODUKTIONSMITTEL	Deskriptoreneintrag
uf betriebsmittel	Nichtdeskriptor der auf den Eintrag verweist (Äquivalenzrelation)
leistung	Nichtdeskriptoreneintrag
SEE **geldertrag** OR **versicherungsleistung**	Deskriptoren, auf die der Nichtdeskriptoreintrag verweist und zwischen denen der Benutzer wählen muß (Alternativrelation)
GELDERTRAG	Deskriptoreintrag
sf leistung	Nichtdeskriptor, der auf den Eintrag in reziproker **Position verweist** (Alternativrelation)
BT1 kostenanalyse	
⋮	

(iv) Bezüglich der hierarchischen und assoziativen Relationen ist die Thesaurusstruktur in allen Sprachfassungen identisch. Allerdings stimmen die Präferenzrelationen (d.h. Nichtdeskriptoren) und die Scope Notes (Definitionen, Erläuterungen usw.) nicht zwangsläufig überein, diese sind vielmehr von den Erfordernissen der betreffenden Sprachfassung abhängig.

(v) Polyhierarchien, d.h. die Verwendung eines Deskriptors in mehr als einer Hierarchie, sind zulässig, wenn die Bedeutung des Deskriptors unveränderlich bleibt; zusammen mit dem Deskriptor erscheinen in den verschiedenen Hierarchien auch – falls vorhanden – seine Unterbegriffe (in der reziproken Position hat dieser Deskriptoreintrag mehr als ein BT1).

(vi) Im allgemeinen sind die Hierarchien auf der generischen/spezifischen Relation zwischen Begriffen aufgebaut. In einigen Fällen ist man jedoch von diesem Grundsatz abgewichen und hat partitive Relationen in den Thesaurus aufgenommen. Abgesehen von geographischen und anatomischen Deskriptoren, bei denen gewöhnlich derartige partitive Relationen zwischen Termini üblich sind, trifft dies auf Hierarchien zu, wo Deskriptoren, die in der Fachliteratur im allgemeinen zusammen auftreten, sonst verstreut und isoliert wären. Dies gilt ebenfalls für Sammelbegriffe, die auf diesem Fachgebiet schwer auf generisch/spezifische Relationen zu begrenzen sind. So wenig Deskriptoren wie möglich blieben innerhalb der Strukturen isoliert – d.h. ohne Hierarchie – oder zumindest Assoziationsrelationen (verwandte Begriffe). Der Thesaurus enthält nur fünf dieser isolierten Deskriptoren.

(vii) Nichtdeskriptoren vom Typ USE/AND, für die eine Kombination von *zwei oder mehr* Deskriptoren erforderlich ist, um den Begriff eines Nichtdeskriptors darzustellen, ist ein +-Zeichen nachgestellt; so kann man sie in der reziproken Position unter einem Deskriptoreintrag (mit dem Symbol UF) als solche Termini identifizieren, zu denen mehr als ein Deskriptor gehört. Auf diese Weise wird größere Klarheit erzielt.

Beispiel:

anbauplan+
USE **betriebsplanung**
AND **pflanzenproduktion**

und umgekehrt:

BETRIEBSPLANUNG
uf anbauplan+

PFLANZENPRODUKTION
uf anbauplan+

(viii) Bei Nichtdeskriptoren vom Typ SEE/OR/... (Alternativrelation) muß zwischen den unterschiedlichen Bedeutungen des Terminus und entsprechend zwischen unterschiedlichen Deskriptoren gewählt werden. Diese Relation ist besonders für die Auflösung von Homographien und Mehrdeutigkeiten von Nutzen. Außerdem hat man sie verwendet, wenn präkoordinierte Deskriptoren den „Uniterms" vorgezogen wurden. Dies gilt insbesondere für englische Termini, bei denen das Adjektiv dem Substantiv vorangestellt ist.

(ix) Verwandte Begriffe wurden als zusätzliche Indexierungs- und Retrievalhilfen angesehen, die dem Thesaurusbenutzer weitere Deskriptoren vorschlagen. Ihre Festlegung bedurfte daher keiner besonderen Regeln. Viele verwandte Begriffe wurden aufgenommen, um zum Teil Deskriptoren zu gruppieren, die in einer der Sprachfassungen aufgrund der alphabetischen Anordnung über den gesamten Thesaurus verstreut sind (während sie in einer oder mehreren anderen Sprachfassungen alphabetisch gruppiert auftauchen). Häufig trifft dies auf die englische Version zu, in der das Adjektiv dem Substantiv vorangestellt ist, was die Auffindung des richtigen Deskriptors erschweren kann. Verwandte Begriffe sind als Teil der Struktur anzusehen und sind deshalb in allen Sprachfassungen identisch.

(x) Mit Hilfe der Scope Notes wurden Deskriptoren und ihre Benutzung im Thesaurus definiert, künstlich konstruierte oder unübersetzte Deskriptoren, die für eine Sprachfassung erforderlich waren, erläutert und alle verwendeten Abkürzungen erklärt (vgl. dazu die Beispiele in den anderen Abschnitten).

(xi) Das Verfahren der Präkoordination (Deskriptoren aus mehreren Wörtern) wurde angewendet, wenn die sich ergebende Wortkombination einen Einzelbegriff darstellte, der in der Fachliteratur häufig verwendet wird. Außerdem griff man wiederholt auf die Präkoordination zurück, um die Bedeutung eines Terminus zu präzisieren und falsche Koordinationen bei der Indexierung zu vermeiden; gelegentlich bediente man sich der Präkoordination, um einen Begriff auszudrücken, der in einer der anderen Sprachen nur ein Wort erfordert oder als feststehender Ausdruck existiert. Ansonsten wurden, insbesondere in der deutschen Fassung, präkoordinierte Ausdrücke in zwei oder mehr Deskriptoren unterteilt. Eine übertriebene Präkoordination (Schachtel-System) wurde immer dann vermieden, wenn mehrere Deskriptoren zur Verfügung standen, um einen komplexen Begriff ohne allzu große Mehrdeutigkeit auszudrücken. Nichtdeskriptoren (häufig Uniterms, die auf einen oder mehrere präkoordinierte Deskriptoren verweisen) und verwandte Begriffe wurden zur Verknüpfung präkoordinierter Deskriptoren herangezogen.

(xii) Aus praktischen Gründen sowie insbesondere zum Zweck der elektronischen Verarbeitung mit dem ASTUTE-Software-Paket begrenzte man die Deskriptoren auf maximal 35 Zeichen. In den meisten Fällen erwies sich diese Zahl als ausreichend, um Deskriptoren und Nichtdeskriptoren in angemessener Weise zu formulieren; in einigen Fällen ließen sich Abkürzungen nicht vermeiden (siehe unten). Die genannte Beschränkung gilt nicht für die Scope Notes, für die so viele Linien wie erforderlich verwendet werden können.

Terminologie-Kontrolle

(i) *Wortfolge:* Die Deskriptoren – insbesondere die präkoordinierten – erscheinen normalerweise in der natürlichen Wortfolge. Bei Nichtdeskriptoren verwandte man, wenn auch selten, invertierte Formen. In Klammern angeführte Qualifikationen, die Teil eines Deskriptors bilden, wurden nur ausnahmsweise für die Unterteilung der Gemeinschaftsstaaten in Regionen eingesetzt (vgl. dazu: Besondere Optionen).

(ii) *Alphabetische Reihenfolge:* Da der Thesaurus maschinell verarbeitet wurde, sind die Einträge Zeichen für Zeichen alphabetisch geordnet.

(iii) *Singular- und Pluralformen:* Für die englische Sprachfassung wurden generell die Pluralformen übernommen. Entsprechend der AFNOR-Norm, sind in der französischen Sprachfassung jedoch systematisch die Singularnormen aufgeführt, außer in solchen Fällen, in denen zwischen zwei Deskriptoren vollkommen unterschiedlicher Bedeutung zu unterscheiden war.

Beispiel aus der französischen Fassung:

Culture = geistig
Cultures = landwirtschaftlich

(NB: dasselbe kann auch auf andere Sprachfassungen zutreffen!) Die deutsche und italienische Fassung führen im allgemeinen die Singularformen an.

(iv) *Abkürzungen:* Abkürzungen vermied man nach Möglichkeit mit der Ausnahme der Namen von Organisationen; diese wurden systematisch abgekürzt, da die ausgeschriebene Form einiger Namen mehr als 35 Zeichen erfordert hätte. Die Begrenzung auf 35 Zeichen führte auch zu zu einigen (unvermeidbaren) Abkürzungen. Allerdings sind sämtliche Abkürzungen in den Scope Notes erläutert:

Beispiel:

EFTA
(european free trade association)
GAEC
(groupement agricole
d'exploitation en commun)
APPLICAZIONE E VALUTAZIONE DELLA PI
(applicazione e valutazione
della pianificazione)
AKP-LAENDER
(assoziierte laender afrikas,
der karibischen see und des pazifiks)

In der deutschen Sprachfassung wurden folgende Adjektive jeweils wie folgt systematisch abgekürzt:

- LANDW (und die Komponenten INNERLANDW, NICHTLANDW) = landwirtschaftlich ...
- WIRTSCHAFTL = wirtschaftlich ...
- AUSSERBETRIEBL (und sonstige Komponenten EINZELBETRIEBL) = außerbetrieblich ...

sowie zwei weitere Abkürzungen bei Namen von Regionen im Länderverzeichnis (vgl. Abschnitt „Besondere Optionen").

(v) *Interpunktion, diakritische Zeichen und Akzente:* Der Zeichensatz für die Erstellung des Thesaurus läßt die Verwendung von Akzenten und diakritischen Zeichen nicht zu, so daß diese in allen Sprachen entfielen. Der gängigen Praxis folgend, wurde der deutsche Umlaut in ae, oe, ue umgewandelt. Um die Benutzung des Thesaurus in maschinenlesbarer Form zu erleichtern, wurde nach Möglichkeit auf Zeichensetzungen verzichtet, einschließlich des Punktes in Abkürzungen und des „accento" im Italienischen. Etwas anders verhält es sich mit dem Bindestrich: aus der französischen Fassung wurden alle Bindestriche entfernt, in den anderen Sprachfassungen aber gelegentlich beibehalten, wenn sie als Bindeglied innerhalb eines künstlich gebildeten Ausdrucks fungierten oder als üblich angesehen wurden.

Beispiele:

LAND-STADT-WANDERUNG
BOOK-KEEPING SYSTEMS
COMPLESSO AGRO-INDUSTRIALE

Sachbereich:

Der Thesaurus ist in 7 Begriffsfelder oder „Mikrothesauri" unterteilt, um die Kompilation und die Benutzung zu erleichtern. Bei den Mikrothesauri handelt es sich um lose Gruppierungen kompletter Hierarchien; solche Hierarchien können erforderlichenfalls in mehreren Mikrothesauri erscheinen; die Mikrothesauri variieren im Begriffsumfang.

Der Thesaurus umfaßt folgende Mikrothesauri:

- Agrarwirtschaft
- Länder
- Ländliche Soziologie
- Methodologie
- Forschung, Entwicklung, Bildung
- Recht für die Landwirtschaft
- Tiere, Pflanzen und Produkte

Besondere Optionen

(i) Mit Genehmigung der UNESCO wurde nach entsprechender Aktualisierung das strukturierte Länderverzeichnis des SPINES-Thesaurus (International System for the Exchange of Information on Science and Technology for Policy-Making, Management and Development) übernommen. Man entschied sich für diese Lösung, um für alle drei Thesauri ein identisches international gebräuchliches Verzeichnis verwenden zu können. Da der SPINES-Thesaurus zum Zeitpunkt der Kompilation nur auf Englisch zur Verfügung stand, wurden die anderen drei Sprachfassungen aus dem ILO-Thesaurus, dem EUDISED-Thesaurus und dem vom Statistischen Amt der Europäischen Gemeinschaften verwendeten Länderverzeichnis (Amtsblatt Nr. L 356, 28. Dezember 1976) abgeleitet.

Außerdem wurde eine zusätzliche Unterteilung der neun Mitgliedstaaten in Regionen in den Thesaurus aufgenommen. Um die Liste der Regionen zu vereinfachen, wurde sie auf die wichtigsten Unterteilungen jedes Landes, d.h. die allgemeinen politischen/administrativen Regionen (z.B. die Länder der B.R.Deutschland, die wichtigsten Regionen Frankreichs) für die nationale Benutzung und den Informationsaustausch begrenzt. Bei entsprechendem Bedarf sollen anläßlich des Updating des Thesaurus weitere Unterteilungen (z.B. in landwirtschaftliche Regionen) aufgenommen werden. Zunächst ließ man die Übersetzung von Eigennamen der Regionen in den verschiedenen Sprachversionen unberücksichtigt, mit Ausnahme der englischen Fassung, bei der man sich aufgrund der größeren Vielfalt der CBAE-Dienste (Commonwealth Bureau of Agricultural Economics) an deren derzeitige Verfahren hielt. In den anderen Sprachfassungen ging man generell davon aus, daß die französischen, belgischen, deutschen und italienischen Indexierer die Bezeichnung der Regionen nur dazu verwenden würden, Material aus ihren jeweiligen Heimatländern zu indexieren und das restliche Material über den Austausch innerhalb des Informationsnetzes erhielten. Aus diesem Grunde sowie zur Vereinfachung der alphabetischen Anordnung und „up-posting" sind die Namen von Regionen mit den jeweiligen Ländernamen kombiniert und erscheinen jeweils in Klammern. Die geforderten Konventionen für jede Sprache wurden eingehalten.

Beispiele:

FRANKREICH (R. BRETAGNE)
ROYAUME UNI (W.MIDLANDS)
PAESI BASSI (ZEELAND)

In der deutschen Sprachfassung verwendete man im Zusammenhang mit den Namen von Regionen wegen der Begrenzung auf 35 Zeichen zwei weitere Abkürzungen:

GB + Name der Region, anstelle von VEREINIGTES KOENIGREICH
BRD + Name der Länder, anstelle von BUNDESREPUBLIK DEUTSCHLAND

In der französischen Fassung erscheinen die „départements" als Nichtdeskriptoren, verknüpft mit den betreffenden Regionen.

(ii) Der Mikrothesaurus „Recht für die Landwirtschaft" beschränkt sich auf rein juristische Bezeichnungen. Sonstige Bezeichnungen, die in Verbindung mit den Rechtstermini verwendet werden können, sind an anderer Stelle im Thesaurus aufgeführt.

(iii) Der Bereich der ländlichen Soziologie wird, von den pragmatischen Gesichtspunkten ausgehend, abgedeckt. Der diesem Thema gewidmete Mikrothesaurus soll keinen Überblick über die theoretischen Grundlagen dieses Wissensbereichs bieten.

GESTALTUNG

Der vollständige Thesaurus besteht aus *vier* einsprachigen Bänden und *einem* mehrsprachigen Register.

Jeder einsprachige Band enthält:

- den vollständigen Thesaurus in der jeweiligen Sprache, mit alphabetischer Anordnung aller Deskriptoren und Nichtdeskriptoren und Darstellung der Relationsstruktur der Einträge in einem Wortblock (vgl. „Regeln und Konventionen").
- einen systematischen Abschnitt in der jeweiligen Sprache, der sich in Mikrothesauri gliedert. Innerhalb der Mikrothesauri sind die Deskriptoren nur in vollständigen Hierarchien (oder Baumstrukturen) angeordnet, ausgehend vom obersten Begriff bis hin zum Unterbegriff auf dem spezifischsten Niveau. Einzeldeskriptoren sind also – außer beim obersten Begriff der Hierarchie – nicht getrennt in alphabetischer Reihenfolge eingetragen. Nichtdeskriptoren und verwandte Begriffe zwischen Einzeldeskriptoren sind in dieser Auflistung weggelassen, da der systematische Abschnitt einen raschen Überblick über den vom Thesaurus abgedeckten Bereich ermöglichen soll.

Das Register enthält die sprachlichen Äquivalente aller Deskriptoren, die in viersprachigen alphabetischen Listen für jede der vier Sprachen aufgeführt sind. Die Struktur ist nicht dargestellt. In einer Tasche, die zum Register gehört, befinden sich Mikrofiches, die die Deskriptoren in dreisprachiger strukturierter Anordnung aufführen. Die Mikrofiches dienen nur Verweiszwecken und sollen es dem Benutzer ermöglichen, gegebenenfalls die Struktur des Thesaurus parallel in mehreren Sprachen zu überprüfen.

Ariane I. ILJON
verantwortlich für die Koordinierung
Generaldirektion Wissenschaftliche und Technische Information
und Informationsmanagement

BETEILIGTE ORGANISATIONEN, SACHVERSTÄNDIGE UND QUELLENNACHWEIS

Beteiligte Organisationen

- Ministerie van Landbouw, Landbouweconomisch Instituut, Afdeling Dokumentaire en Statistische Analyses, Brussel
- Forschungsgesellschaft für Agrarpolitik und Agrarsoziologie e.V., Dokumentationsstelle, Bonn
- Technische Hochschule München, Institut für Wirtschaftslehre des Landbaues, Dokumentationsstelle, Weihenstephan
- Réseau de Documentation en Economie Agricole (RESEDA), Paris
- Ministero dell'Agricoltura e delle Foreste, Direzione Generale della Produzione Agricola, Divisione Informazione e Documentazione, Roma
- Commonwealth Agricultural Bureaux (CAB), Commonwealth Bureau of Agricultural Economics, Oxford

Sachverständige

Mitglieder der Arbeitsgruppe Thesaurus, die für die Zusammenstellung des Thesaurus verantwortlich waren:

ASCANI, F., Ministero dell'Agricoltura e delle Foreste, Roma
GOEDSEELS, F., Landboueconomisch Instituut, Brussel
KESTNER, J., Commonwealth Bureau of Agricultural Economics, Oxford
LUNZE, J., Dokumentationsstelle für Agrarpolitik, landwirtschaftliches Marktwesen und ländliche Soziologie, Bonn
LUPORI, N., Ministero dell'Agricoltura e delle Foreste, Roma (Consultant)
PUJES, P., RESEDA, Paris
RAHMANN, M., Dokumentationsstelle für landw. Betriebs- und Arbeitswirtschaft, Weihenstephan

Sachverständige, durch deren Unterstützung die Arbeit ermöglicht wurde:

D'AMBROSIO, A., Ministero dell'Agricoltura e delle Foreste, Roma
DIEUDONNE, D., RESEDA, Paris
JONES, O., Commonwealth Bureau of Agricultural Economics, Oxford

Zu den zahlreichen Mitarbeitern gehörten:

DEVISCH, N., Landbouwingenieur, Leuven
LATTWEIN, J. N., Ministère de l'Agriculture, Paris
MATTEI, J. N., Ministère de l'Agriculture, Paris
ROMAGNOLI, E., Ministero dell'Agricoltura e delle Foreste, Roma
THIRKELL SMITH, A., Commonwealth Bureau of Agricultural Economics, Oxford
TROISIER, M., INRA, Paris
VERTESSEN, J., Landbouwingenieur, Leuven

Koordinierung:

ILJON, A. I., Kommission der Europäischen Gemeinschaften, Generaldirektion XIII – Wissenschaftliche und Technische Information und Informationsmanagement, Luxemburg

Quellennachweis

Primärquellen:

Caisse Nationale de Crédit Agricole: Thesaurus agricole, économique, financier et juridique. 3e édition. (Paris, FR; C.N.C.A., 1974).

Commonwealth Agricultural Bureaux: Consolidated list of Keywords used in all CAB abstracting journals. (Farnham Royal, GB; unpublished, 1977).

Commonwealth Bureau of Agricultural Economics: List of Keywords used for indexing World Agricultural Economics and Rural Sociology Abstracts. (Oxford, GB; unpublished, 1977).

Dokumentationsstelle für Agrarpolitik, landwirtschaftliches Marktwesen und ländliche Soziologie: Liste der Deskriptoren. (Bonn, DE; unveröffentlicht).

Rahmann, M.: Thesaurus der landwirtschaftlichen Betriebs- und Arbeitswirtschaft. 4. Auflage. (Freising-Weihenstephan, DE; Dokumentationsstelle für Landwirtschaftliche Betriebs- und Arbeitswirtschaft, 1968).

Réseau de Documentation en Economie Agricole: Thesaurus RESEDA „Economie Agricole". Edition provisoire. (Paris, FR).

Viet, J.: Thesaurus for information processing in sociology, Thesaurus pour le traitement de l'information en sociologie. (Paris, FR; the Hague, NL; Mouton, 1971).

Organisation de Coopération et de Développement Economiques: Macrothesaurus. Liste des principaux descripteurs relatifs au développement économique et social. Edition française. (Paris, FR; OCDE, 1974).

Sekundärquellen: (einschließlich Wörterbücher)

Bannock, G., Baxter, R. R., Rees, R.: Dizionario di Economia. (Bari, IT; Editori Laterza, 1977).

Bara, L.: Dizionario di Politica Economica. (Roma, IT; Editori Riuniti, 1974).

Belgische Dienst voor Buitenlandse Handel. Nat. Centrum voor Buitenlandse Handel: Thesaurus. (Brussel, BE; unpublished).

Bernsdorf, W., Hrsg.: Wörterbuch der Soziologie. (Stuttgart, DE; Enke Verlag, 1969).

Brandes W.: Wie analysiere und plane ich meinen Betrieb? 2. Aufl. (Hamburg–Berlin, DE; Paul Parey, 1974).

Brandes, W., Woermann, E.: Landwirtschaftliche Betriebslehre – Theorie und Planung des landwirtschaftlichen Betriebes. Band 1, Allgemeiner Teil. (Hamburg–Berlin, DE; Paul Parey, 1969).

Brandes, W., Woermann, E.: Landwirtschaftliche Betriebslehre – Organisation und Führung landwirtschaftlicher Betriebe. Band II, Spezieller Teil. (Hamburg–Berlin, DE; Paul Parey, 1971).

Brunoli, A.: Dizionario Avicolo Internazionale. (Bologna, IT; Edagricole, 1967).

Commission of the European Communities, Translation division: European Communities glossary. French/English. 6th Edition. (Brussels, BE; Roneotyped, 1975).

Conte, A.: Dizionario Giuridico ed Economico. (Milano, IT; Giuffre', vol 1 1969, vol 2 1971).

Deutsche Stiftung für Internationale Entwicklung: Thesaurus für wirtschaftliche und soziale Entwicklung. 7. rev. Auflage. (Hamburg–Bonn, DE; Deutsche Stiftung für Internationale Entwicklung, 1977).

Eichborn, R. von: Wirtschaftswörterbuch. I. Englisch/Deutsch, II. Deutsch/Englisch. (Düsseldorf, DE; Econ-Verlag, 1965).

Endruweit, G.: Dreisprachiges Wörterbuch der Soziologie. (Neuwied, DE; Hain Verlag, 1975).

European Parliament, Translation division: Economic Terminology. 2nd supplement. (Luxembourg, LU; Roneotyped, 1973).

Favati, F.: Dizionario di Agricoltura. (Bologna, IT; Edagricole, 1971).

Gunston, G. A., Corner, V. M.: Deutsch-Englisches Glossarium finanzieller und wirtschaftlicher Fachausdrücke. (Frankfurt/Main, DE; Fritz Knapps Verlag, 1967).

Haensch, G., Haberkamp de Anton, G., editors: Dictionary of Agriculture. English, German, French, Russian. (Amsterdam, NL; Oxford, GB; New York, US; Elsevier Scientific publishing company, 1975). 1000 pp., and earlier editions BLV Verlagsgesellschaft, 1966, 1969.

Haensch, G., Haberkamp de Anton, G., Leninger, G., editors: Dizionario di Agricoltura. Supplemento Italiano. (München–Basel–Wien, DE, CH, AT; BLV Verlagsgesellschaft, 1963).

HLBS: Begriffs-Systematik für die landwirtschaftliche und gartenbauliche Betriebslehre. H.14, 5. Aufl. (Bonn, DE; Schriftenreihe des HLBS, 1973).

Hofmann, E.: Wörterbuch der Datenverarbeitung. Englisch/Deutsch, Deutsch/Englisch. (Berlin, DD; Verlag der Wirtschaft, 1971).
IGORB: Internationale Große Operations Research Bibliographie, vol 1, No. 1. (Darmstadt, DE; Kontohow's I&D Service, 1976).
International Institute for Legal and Administrative Terminology: European glossary of legal and administrative terminology. Vol 18. Regional policy, German/English Glossary. Europa-Glossar der Rechts- und Verwaltungssprache, Band 18. Raumordnung. Deutsch/Englisch. (Berlin, DE; London, GB; Langenscheidt, Sweet & Maxwell, 1975).
Landbouweconomische Instituut: Thesaurus (gecontroleerde wordenlijst). (Brussel, BE; unpublished).
Leatherdale, D.: Canadian Agricultural Thesaurus. 4 Vols. (Ottawa, CA; Research Branch, Canada Dept. of Agriculture, 1971).
Meimberg, P.: Landwirtschaftliches Rechnungswesen. (Stuttgart, DE; Eugen Ulmer Verlag, 1966).
Merchi, F. de, Elena, A.: Dizionario di Sociologia. (Roma, IT; Edizioni Paoline, 1976).
Ministry of Agriculture, Fisheries and Food: Terms and definitions used in farm and horticultural management. (London, GB; Ministry of Agriculture, Fisheries and Food, 1970).
Morelli, M.: Dizionario di Informatica e degli Elaboratori Elettronici. (Milano, IT; Franco Angeli Editore, 1975).
Morice, E.: Dizionario di Statistica. (Milano, IT; Isedi, 1971).
Musmara A.: Dizionario Botanico. (Bologna, IT; Edagricole, 1972).
Napoleoni, C.: Dizionario di Economia Politica. (Milano, IT; Edizioni comunita, 1956).
National Board for Prices and Incomes: Prices, profits and costs in food distribution. Report Nr. 165. Appendix B. Glossary of terms. (London, GB; National Board for Prices and Incomes, 1971).
Newhouse, J. W. A.: A handbook of agricultural (arable farming) terms. English/French. (Bishops Waltham, Hampshire, GB; self published, 1972).
Newhouse, J. W. A.: A handbook of livestock rearing, feeding and marketing terms. English/French. (Bishops Waltham, Hampshire, GB; self published, 1973).
Papi, N.: Dizionario di Economia. (Torino, IT; Utet, 1971).
Piccioni, M.: Dizionario per gli Alimenti del Bestiame. (Bologna, IT; Edagricole, 1968).
Reisch, E., Zeddis, J.: Einführung in die landwirtschaftliche Betriebslehre. Band 2. Spezieller Teil – Grundlagen und Methoden der Entscheidung, Ökonomik der pflanzlichen und tierischen Produktion. (Stuttgart, DE; Uni-Taschenbücher, Band 617, 1977).
Stahn, E.: Glossarium entwicklungspolitischer Ausdrücke. Deutsch, Englisch, Französisch. (Baden-Baden, DE; Nomoss Verlag, 1969).
Statistical Office of the European Community: Yearbook of agricultural statistics. Glossary of principal terms used. (Luxembourg, LU; CEC, 1976).
Steinhauser, H., Lanbahn, C., Peters, U.: Einführung in die landwirtschaftliche Betriebslehre. Band 1: Allgemeiner Teil – Produktionsgrundlagen, Produktionstheorie und Rechnungssysteme mit Planungsrechnungen. (Stuttgart, DE; Uni-Taschenbücher, Band 113, 1972).
Steinmetz, H., Lohmann & CoKG: Gartenbautechnik I. Mehrsprachen-Bildwörterbuch. Deutsch, English, Français, Espagnol, Italiano, Nederlands. (Betzdorf/Sieg, DE; H. Steinmetz, 1964). Tecnica ortofruticola e di giardinaggio. Dizionario poliglotta illustrato. (Bologna, IT; Edagricole, 1973).
Steinmetz, H., Lohmann & CoKG. Landmaschinen und Geräte. Mehrsprachen-Bildwörterbuch. Deutsch, English, Français, Espagnol, Italiano, Nederlands. (Betzdorf/Sieg, DE; H. Steinmetz, 1972). Macchine e attrezzi agricoli. Dizionario poliglotta illustrato. (Bologna, IT; Edagricole, 1973).
Steinmetz, H., Lohmann & CoKG: Tierfütterung und Tierhaltung. Mehrsprachen-Bildwörterbuch. Deutsch, English, Français, Espagnol, Italiano, Nederlands. (Betzdorf/Sieg, DE; H. Steinmetz, 1966). Alimentazione e governo del bestiame. Dizionario poliglotta illustrato. (Bologna, IT; Edagricole, 1973).
Stephenson I.: The law relating to agriculture. (Farnborough, GB; Saxon House, 1975).
Theodorson, G. A., Theodorson, A. G.: Dizionario di Sociologia. (Milano, IT; Alberto Marotta Editore, 1975).
UNESCO: Spines thesaurus. A controlled and structured vocabulary of Science and Technology for Policy-Making, Management and Development. (Paris, FR; the Unesco Press, 1976). 80 pp., 316 pp., 236 pp., 34 Tables.
University of Reading, Agricultural Extension and Rural Development Centre: Thesaurus of terms for rural extension, revised edition. (Reading, GB; roneotyped, 1974).

US Agency for International Development (AID): Food production and nutrition, research literature for development. Vol 1. Non geographical descriptors. (Washington D.C., US; US AID, 1976).

USA Department of Agriculture: Vocabulary of the American Agricultural Economics Documentation Center. (unpublished, 1970).

Werner, H., König, I.: Glossare zur Arbeitsmarkt- und Berufsforschung. Deutsch/Englisch. (Stuttgart, DE; Verlag W. Kohlhammer, 1974).

–,: Handwörterbuch der Sozialwissenschaften. 12 Bände. (Stuttgart, DE; Fischer Verlag 1965).

–,: Practical definitions and formulae. In: Economist Measurement Guide. (London, GB; Economist Newspapers Ltd, 1975).

THESAURUS-"UPDATING"

Der Thesaurus wird regelmäßig auf den neuesten Stand gebracht.

A. Verbesserungsvorschläge sind jederzeit willkommen. Sollten Sie den für die Zusammenstellung des Thesaurus verantwortlichen Personen Vorschläge zur Änderung, Berichtigung bzw. Zusätze zu unterbreiten wünschen, so bitten wie Sie, hierfür nachstehendes Modell zu benutzen; jeder Vorschlag sollte auf einem getrennten Bogen vermerkt werden:

1. Betroffene sprachliche Fassung:
2. Vorgeschlagene Änderung/Berichtigung/neuer Fachausdruck:
3. Kurze Rechtfertigung bzw. Erklärung:
4. Name:
5. Institution und Anschrift:
6. Datum der Einreichung Ihres Vorschlags:

Bitte beachten Sie, daß Änderungen, Berichtigungen sowie Zusätze alle sprachlichen Fassungen betreffen können.
Wir bitten Sie, Ihre Vorschläge an untenstehende Anschrift zu senden.

B. Sollten Sie wünschen, daß Ihnen die Änderungsvermerke zugesandt werden, so bitten wir Sie, sich ebenfalls an die folgende Adresse zu wenden.

AGRAROEKONOMIE UND LAENDLICHE SOZIOLOGIE
MEHRSPRACHIGER THESAURUS
Kommission der Europäischen Gemeinschaften
Generaldirektion XIII/A–3
Jean-Monnet-Gebäude
Plateau du Kirchberg
LUXEMBURG (Großherzogtum)

GESAMT THESAURUS

ABBRENNEN
BT1 pflanzenschutzverfahren

abessinien
USE **aethiopien**

ABFALLBESEITIGUNG
uf abwasserbeseitigung
BT1 landw belastung
BT2 umweltpolitik
rt entmistung
rt landw abfall

ABFUELLEN
BT1 verpacken

ABGABEN
NT1 abschoepfung
NT2 variable abschoepfung
rt steuerwesen

ABGRENZUNG LAENDLICHER RAEUME
BT1 raumplanung
BT2 planung
rt bodennutzung
rt landw bauen

ABSATZ
NT1 absatzweg
NT2 einzelhandel
NT3 direktverkauf
NT3 supermarkt
NT3 wochenmarkt
NT2 grosshandel
NT3 einkaufsvereinigung
NT3 grossmarkt
NT2 handelsvertreter
NT3 kommissionaer
NT3 zwischenhaendler
NT2 warenboerse
NT3 terminmarkt
NT1 verteilung
rt marktforschung

ABSATZGENOSSENSCHAFT
BT1 handelsgenossenschaft
BT2 genossenschaftliche taetigkeit

ABSATZWEG
BT1 absatz
NT1 einzelhandel
NT2 direktverkauf
NT2 supermarkt
NT2 wochenmarkt
NT1 grosshandel
NT2 einkaufsvereinigung
NT2 grossmarkt
NT1 handelsvertreter
NT2 kommissionaer
NT2 zwischenhaendler
NT1 warenboerse
NT2 terminmarkt
rt handelsspanne
rt marktforschung

ABSCHOEPFUNG
BT1 abgaben
BT1 einfuhrbeschraenkung
NT1 variable abschoepfung

ABSCHREIBUNG
BT1 buchfuehrung
NT1 abschreibungsverfahren

ABSCHREIBUNGSVERFAHREN
BT1 abschreibung
BT2 buchfuehrung

abwasserbeseitigung
USE **abfallbeseitigung**

ABWEICHENDES VERHALTEN
BT1 soziale krise
BT2 sozialisation
NT1 alkoholismus
NT1 kriminalitaet

ABWERTUNG
BT1 waehrungsparitaet
BT2 waehrungspolitik

ABZAHLUNGSKAUF
BT1 kreditverkehr

ACCESSION
BT1 eigentumserwerb
rt neuland

ACKERBAU
BT1 pflanzenproduktion
BT2 betriebszweig
rt feldfrucht

ACKERFLAECHE
BT1 betriebsflaeche
BT1 boden

adoption der innovation
USE **innovation**

AEGYPTEN
uf arabische republik aegypten
BT1 arabische laender
BT1 mittelmeerlaender
BT1 nordafrika
BT2 afrika
rt englischsprachiges afrika

AENDERUNG
rt bevoelkerungsentwicklung
rt sozialer wandel
rt trend

AENDERUNG DER PRODUKTIONSSTRUKTUR
BT1 produktionspolitik
NT1 landwirtschaft-gartenbau
NT1 milch-rindfleisch-umstellung
rt umstellungsbeihilfe

AEQUATORIALGUINEA
BT1 zentralafrika
BT2 afrika suedlich der sahara
BT3 afrika

AETHIOPIEN
uf abessinien
BT1 ostafrika
BT2 afrika suedlich der sahara
BT3 afrika

AFAR-ISSA-TERRITORIUM
uf franzoesisch-somaliland
BT1 ostafrika
BT2 afrika suedlich der sahara
BT3 afrika
rt frankreich
rt franzoesischsprachiges afrika

AFGHANISTAN
BT1 westasien
BT2 asien

AFRIKA
NT1 afrika suedlich der sahara
NT2 ostafrika
NT3 aethiopien
NT3 afar-issa-territorium
NT3 burundi
NT3 kenia
NT3 malawi
NT3 ruanda
NT3 seychellen
NT3 somalia
NT3 sudan
NT3 tansania
NT3 uganda
NT2 suedliches afrika
NT3 angola
NT3 botswana
NT3 komoren
NT3 lesotho
NT3 madagaskar
NT3 malawi
NT3 mauritius
NT3 mosambik

NT3 namibia
NT3 reunion
NT3 rhodesien
NT3 sambia
NT3 st helena
NT3 suedafrika
NT3 swasiland
NT2 westafrika
NT3 benin
NT3 elfenbeinkueste
NT3 gambia
NT3 ghana
NT3 guinea
NT3 guinea-bissau
NT3 kamerun
NT3 kap verde
NT3 liberia
NT3 mali
NT3 mauretanien
NT3 niger
NT3 nigeria
NT3 obervolta
NT3 senegal
NT3 sierra leone
NT3 st helena
NT3 togo
NT3 westsahara
NT2 zentralafrika
NT3 aequatorialguinea
NT3 burundi
NT3 gabun
NT3 kamerun
NT3 kongo
NT3 ruanda
NT3 sao tome und principe
NT3 tschad
NT3 zaire
NT3 zentralafrikanisches reich
NT1 nordafrika
NT2 aegypten
NT2 algerien
NT2 libyen
NT2 marokko
NT2 tunesien
rt englischsprachiges afrika
rt franzoesischsprachiges afrika

AFRIKA SUEDLICH DER SAHARA
BT1 afrika
NT1 ostafrika
NT2 aethiopien
NT2 afar-issa-territorium
NT2 burundi
NT2 kenia
NT2 malawi
NT2 ruanda
NT2 seychellen
NT2 somalia
NT2 sudan
NT2 tansania
NT2 uganda
NT1 suedliches afrika
NT2 angola
NT2 botswana
NT2 komoren
NT2 lesotho
NT2 madagaskar
NT2 malawi
NT2 mauritius
NT2 mosambik
NT2 namibia
NT2 reunion
NT2 rhodesien
NT2 sambia
NT2 st helena
NT2 suedafrika
NT2 swasiland
NT1 westafrika
NT2 benin
NT2 elfenbeinkueste
NT2 gambia
NT2 ghana
NT2 guinea
NT2 guinea-bissau
NT2 kamerun
NT2 kap verde
NT2 liberia

AFRIKA SUEDLICH DER SAHARA (C)
NT2 mali
NT2 mauretanien
NT2 niger
NT2 nigeria
NT2 obervolta
NT2 senegal
NT2 sierra leone
NT2 st helena
NT2 togo
NT2 westsahara
NT1 zentralafrika
NT2 aequatorialguinea
NT2 burundi
NT2 gabun
NT2 kamerun
NT2 kongo
NT2 ruanda
NT2 sao tome und principe
NT2 tschad
NT2 zaire
NT2 zentralafrikanisches reich

AGRARAUSSENHANDEL
BT1 aussenhandel
BT2 handel
rt agrarpolitik
rt handel

AGRARFINANZPOLITIK
NT1 beihilfe
NT2 beihilfe fuer lagerhaltung
NT2 betriebsbeihilfe
NT2 bodenabgaberente
NT2 flaechenbeihilfe
NT2 nichtvermarktungspraemie
NT2 rodungspraemie
NT2 schlachtpraemie
NT2 umstellungsbeihilfe
rt agrarpolitik
rt politik

AGRARFLUG
NT1 luftbeobachtung
rt lufttransport

AGRARGEOGRAPHIE
BT1 laendliche umwelt
BT2 umwelt
rt geographie
rt laendlicher raum
rt sozialgeographie

AGRARGESELLSCHAFT
BT1 gesellschaft
NT1 bauerntum

AGRARHAUSHALT
BT1 oeffentliche finanzen

AGRARKREDIT
BT1 kredit
BT2 kreditverkehr
rt kreditgenossenschaft

AGRARKRISE
BT1 entwicklung der landwirtschaft
rt konjunkturrueckgang

AGRARLAND
BT1 wirtschaftsgeographie

AGRARMARKTPOLITIK
BT1 agrarpolitik
NT1 agrarpreispolitik
NT2 grenzausgleich
NT1 marktordnung
NT2 intervention
NT1 marktstabilisierung
rt beihilfefonds
rt politik

AGRAROEKONOM
BT1 forscher
BT2 forschungspersonal
BT3 forschungsorganisation

AGRARPOLITIK
NT1 agrarmarktpolitik
NT2 agrarpreispolitik
NT3 grenzausgleich
NT2 marktordnung
NT3 intervention
NT2 marktstabilisierung
NT1 agrarstrukturpolitik
NT2 flurbereinigung
NT1 eg-agrarpolitik
NT1 nationale agrarpolitik
NT1 regionale agrarpolitik
NT2 landw benachteiligte gebiete
NT3 berggebiet
NT1 stuetzungspolitik
rt agraraussenhandel
rt agrarfinanzpolitik
rt ernaehrungspolitik
rt flaechenstillegung
rt forstpolitik
rt politik
rt produktionspolitik

AGRARPREIS
BT1 preis
NT1 erzeugermindestpreis
NT1 interventionspreis
NT1 orientierungspreis
rt agrarpreispolitik
rt erzeugerpreis
rt richtpreis

AGRARPREISPOLITIK
BT1 agrarmarktpolitik
BT2 agrarpolitik
NT1 grenzausgleich
rt agrarpreis
rt politik
rt preis
rt richtpreis

AGRARPRESSE
BT1 presse
BT2 massenmedien
rt beratung

AGRARPRODUKT
BT1 produkt

agrarproduktion
USE **produktion**

AGRARRECHT
rt vertragsrecht

AGRARREFORM
NT1 bodenreform
rt agrarstrukturpolitik
rt wirtschaftl entwicklung

AGRARREGION
BT1 region

agrarschutz
USE **protektionismus**

AGRARSEKTOR
uf innerlandw disparitaet+
BT1 primaerer sektor
BT2 wirtschaftssektor

AGRARSOZIALPOLITIK
BT1 sozialpolitik
rt politik
rt soziale sicherung

AGRARSTRUKTUR
NT1 betriebsstruktur
NT1 produktionsstruktur
rt struktur

agrarstrukturplanung
USE **landw planung**

AGRARSTRUKTURPOLITIK
uf gemeinschaftsaufgabe
BT1 agrarpolitik
NT1 flurbereinigung

AGRARSTRUKTURPOLITIK (C)
rt agrarreform
rt betriebsentwicklung
rt betriebstelligung
rt flaechenbeihilfe
rt landw benachteiligte gebiete
rt politik
rt produktionspolitik
rt raumplanung

AGRARWIRTSCHAFT
BT1 wirtschaft

AGRARWISSENSCHAFT
rt landw forschung

AGRIBUSINESS
BT1 nahrungswirtschaft
rt vertikale integration

AGRO-INDUSTRIELLE BEZIEHUNG
(agro-industrielle produktionsbeziehung)
BT1 produktionslenkung
BT2 produktionspolitik

AKARIZID
BT1 pestizid

AKP-LAENDER
(assoziierte laender afrikas, der karibischen see und des pazifiks)
BT1 organisationen

AKTION
BT1 entscheidungsfindung

AKTIVA
BT1 bilanz
BT2 bilanzanalyse
NT1 anlagevermoegen
NT1 umlaufvermoegen
NT2 finanzumlaufvermoegen
NT1 viehvermoegen

ALBANIEN
BT1 mittelmeerlaender
BT1 osteuropa
BT2 europa

ALGERIEN
BT1 arabische laender
BT1 mittelmeerlaender
BT1 nordafrika
BT2 afrika
rt franzoesischsprachiges afrika

ALKOHOL
rt alkoholhaltiges getraenk

ALKOHOLFREIES GETRAENK
BT1 getraenk
NT1 kaffee
NT1 matetee
NT1 tee
rt fruchtsaft

ALKOHOLHALTIGES GETRAENK
BT1 getraenk
NT1 apfelwein
NT1 bier
NT1 branntwein
NT1 likoer
NT1 wein
NT2 qualitaetswein
NT2 sekt
NT2 tafelwein
rt alkohol

ALKOHOLISMUS
BT1 abweichendes verhalten
BT2 soziale krise
BT3 sozialisation

ALLOKATION DER RESSOURCEN
BT1 lage der landwirtschaft

ALTAI-PROGRAMM
BT1 programmkontrolle

ALTAI-PROGRAMM (C)
BT2 unternehmensforschung

ALTE
BT1 alter

ALTEN-MITARBEIT
BT1 landw arbeitskraft

ALTENTEILER
BT1 nicht-erwerbstaetige
BT2 bevoelkerungsstruktur
BT3 bevoelkerung
rt ausscheiden aus dem arbeitsleben

ALTER
NT1 alte
NT1 altersgruppe
NT1 altersstruktur
NT2 bevoelkerungspyramide
NT1 altersunterschied
NT1 erwachsener
NT1 generation
NT1 jugend
NT2 landjugend
NT1 kindheit

ALTERSGRUPPE
BT1 alter
BT1 gruppe

ALTERSSICHERUNG
BT1 soziale sicherung
rt versicherung

ALTERSSTRUKTUR
BT1 alter
NT1 bevoelkerungspyramide

ALTERSUNTERSCHIED
BT1 alter

AMBULANTER HANDEL
BT1 marketing

AMERIKA
NT1 karibischer raum
NT2 amerikanische jungferninseln
NT2 bahamas
NT2 barbados
NT2 dominikanische republik
NT2 guadeloupe
NT2 haiti
NT2 jamaika
NT2 kayman-inseln
NT2 kuba
NT2 martinique
NT2 montserrat
NT2 niederlaendische antillen
NT2 puerto rico
NT2 tortola
NT2 trinidad und tobago
NT2 turks- und caicosinseln
NT2 westindische staatengruppe
NT3 antigua
NT3 dominika
NT3 grenada
NT3 st christoph-nevis-anguilla
NT3 st lucia
NT3 st vincent
NT1 mittelamerika
NT2 belize
NT2 costa rica
NT2 dominikanische republik
NT2 el salvador
NT2 guatemala
NT2 haiti
NT2 honduras
NT2 jamaika
NT2 kuba
NT2 nicaragua
NT2 panama
NT2 panamakanal-zone
NT2 puerto rico
NT1 nordamerika
NT2 bermudas
NT2 groenland
NT2 kanada

AMERIKA (C)
NT2 mexiko
NT2 st pierre und miquelon
NT2 usa
NT1 suedamerika
NT2 argentinien
NT2 bolivien
NT2 brasilien
NT2 chile
NT2 ecuador
NT2 falklandinseln
NT2 franzoesisch-guayana
NT2 guayana
NT2 kolumbien
NT2 paraguay
NT2 peru
NT2 surinam
NT2 uruguay
NT2 venezuela

AMERIKANISCHE JUNGFERNINSELN
uf jungferninseln (usa)
BT1 karibischer raum
BT2 amerika

AMMENKUH
BT1 kuh
BT2 rindvieh

ANALPHABETENTUM
BT1 bildung
rt bildungsplan

ANALYTISCHE STATISTIK
BT1 statistik
NT1 statistische inferenz
NT2 chi-quadrat-test
NT2 diskriminanzanalyse
NT2 faktoranalyse
NT2 hauptkomponentenanalyse
NT2 korrelation
NT2 methode der kleinsten quadrate
NT2 multikollinearitaet
NT2 querschnittsanalyse
NT2 regressionsanalyse
NT2 spektralanalyse
NT2 student-test
NT2 varianzanalyse
NT1 stichprobenverfahren
rt stochastische statistik

ANANAS
BT1 suedfrucht
BT2 obst

anbaugebiet
USE **produktionsstandort**

ANBAUGEMEINSCHAFT
BT1 betriebszweiggemeinschaft

anbauplan +
USE **betriebsplanung**
AND **pflanzenproduktion**

ANDORRA
BT1 westeuropa
BT2 europa
rt frankreich
rt spanien

ANGEBOT
uf versorgung
BT1 marktfaktor
rt kontingentierung
rt produktion
rt versorgungsbilanz

ANGEBOT UND NACHFRAGE
BT1 marktfaktor
rt nachfrage
rt versorgungsbilanz

ANGEBOTSFUNKTION
BT1 entscheidungsanalyse
BT2 parametrisches verfahren
BT3 oekonometrie

ANGEMESSENE TECHNOLOGIE
(der jeweiligen entwicklung angepasste technologie)
BT1 technischer fortschritt
BT2 fortschritt
BT3 sozialer wandel

ANGEWANDTE FORSCHUNG
BT1 forschung

ANGOLA
BT1 suedliches afrika
BT2 afrika suedlich der sahara
BT3 afrika
rt portugal

anguilla, nevis
USE **st christoph-nevis-anguilla**

ANIMATION EN MILIEU RURAL
(hilfe zur selbsthilfe in der gemeindeentwicklung)
BT1 gemeindeentwicklung
BT2 laendliche entwicklung
BT3 laendliche umwelt
BT4 umwelt

ANLAGEVERMOEGEN
BT1 aktiva
BT2 bilanz
BT3 bilanzanalyse
rt kapital
rt maschinenausstattung
rt wirtschaftsgebaeude

ANLEIHE
BT1 kreditverkehr
NT1 internationale anleihe
NT1 oeffentliche anleihe
NT1 privatanleihe
NT2 bankdarlehen
NT2 hypothek
rt fremdfinanzierung
rt fremdkapital
rt kredit
rt kreditpolitik

ANTARKTIS
rt australien
rt frankreich
rt norwegen
rt vereinigtes koenigreich

ANTIBIOTIKA
BT1 zusatzstoff

ANTIGUA
BT1 westindische staatengruppe
BT2 karibischer raum
BT3 amerika

antillen
USE **karibischer raum**

antillen (niederlaendische)
USE **niederlaendische antillen**

APFEL
BT1 kernobst
BT2 obst

APFELWEIN
BT1 alkoholhaltiges getraenk
BT2 getraenk

appellation controlee
USE **qualitaetsbezeichnung**

APRIKOSE
BT1 steinobst
BT2 obst

AQUAKULTUR
BT1 tierproduktion
BT2 betriebszweig
rt krebstier

ARABISCHE LAENDER
NT1 aegypten

ARABISCHE LAENDER (C)
NT1 algerien
NT1 irak
NT1 jemen
NT1 jemen dvr
NT1 jordanien
NT1 libanon
NT1 libyen
NT1 marokko
NT1 saudi-arabien
NT1 sudan
NT1 syrien
NT1 tunesien
rt nordafrika

arabische republik aegypten
USE **aegypten**

arabische republik jemen
USE **jemen**

ARBEIT
BT1 menschliche ressourcen
BT2 wirtschaftl ressourcen
BT3 wirtschaftl lage
rt arbeitswirtschaft
rt erwerbstaetigkeit
rt landw arbeitskraft
rt produktionsfaktor

ARBEITER
BT1 beruf

ARBEITSAUFWAND
BT1 arbeitswirtschaft

ARBEITSBEDARF
uf arbeitskraeftebedarf
uf arbeitszeitsbedarf
BT1 arbeitsplanung
BT2 arbeitswirtschaft

ARBEITSBEDINGUNG
NT1 arbeitsbefriedigung
NT1 arbeitsbelastung
NT1 arbeitskonflikt
NT1 arbeitsplatz
NT1 arbeitssicherheit
NT2 berufskrankheit
NT2 unfallverhuetung
NT1 arbeitszeit
NT1 ausscheiden aus dem arbeitsleben
NT1 einstellung zur arbeit
rt arbeitsschutz
rt arbeitswirtschaft
rt soziologie der arbeit

ARBEITSBEFRIEDIGUNG
BT1 arbeitsbedingung

ARBEITSBELASTUNG
BT1 arbeitsbedingung

ARBEITSEINTEILUNG
BT1 arbeitsorganisation
BT2 arbeitswirtschaft

ARBEITSERTRAG
BT1 betriebserfolg

ARBEITSGRUPPE
BT1 gruppe

ARBEITSKONFLIKT
BT1 arbeitsbedingung
rt soziale krise

arbeitskraeftebedarf
USE **arbeitsbedarf**

ARBEITSKRAFTEINHEIT
BT1 landw arbeitskraft
rt wirtschaftseinheit

ARBEITSLOSENVERSICHERUNG
BT1 soziale sicherung
rt versicherung

ARBEITSLOSER
BT1 nicht-erwerbstaetige
BT2 bevoelkerungsstruktur
BT3 bevoelkerung

ARBEITSLOSIGKEIT
BT1 erwerbstaetigkeit
NT1 saisonale arbeitslosigkeit
NT1 strukturelle arbeitslosigkeit

ARBEITSMARKT
BT1 markt
NT1 arbeitsmobilitaet

ARBEITSMOBILITAET
BT1 arbeitsmarkt
BT2 markt

ARBEITSNORM
BT1 arbeitsplanung
BT2 arbeitswirtschaft

ARBEITSORGANISATION
BT1 arbeitswirtschaft
NT1 arbeitseinteilung

ARBEITSPLANUNG
BT1 arbeitswirtschaft
NT1 arbeitsbedarf
NT1 arbeitsnorm
NT1 arbeitsvertrag
rt planung

ARBEITSPLATZ
BT1 arbeitsbedingung

ARBEITSPRODUKTIVITAET
BT1 produktivitaet
BT2 lage der landwirtschaft
BT2 wirtschaftlichkeitsanalyse

ARBEITSRECHT
BT1 sozialrecht
NT1 arbeitsschutz
NT1 streik
rt arbeitswirtschaft

ARBEITSSCHUTZ
BT1 arbeitsrecht
BT2 sozialrecht
rt arbeitsbedingung
rt gewerkschaft

ARBEITSSICHERHEIT
BT1 arbeitsbedingung
NT1 berufskrankheit
NT1 unfallverhuetung

ARBEITSSTUDIE
BT1 arbeitswirtschaft
NT1 arbeitszeit
NT1 freizeit
NT1 ruhezeit
rt soziologie der arbeit

ARBEITSTEILUNG
BT1 arbeitswirtschaft

ARBEITSVERTRAG
BT1 arbeitsplanung
BT2 arbeitswirtschaft
BT1 arbeitswirtschaft

ARBEITSWIRTSCHAFT
NT1 arbeitsaufwand
NT1 arbeitsorganisation
NT2 arbeitseinteilung
NT1 arbeitsplanung
NT2 arbeitsbedarf
NT2 arbeitsnorm
NT2 arbeitsvertrag
NT1 arbeitsstudie
NT2 arbeitszeit
NT2 freizeit
NT2 ruhezeit
NT1 arbeitsteilung
NT1 arbeitsvertrag
NT1 entlohnung

ARBEITSWIRTSCHAFT (C)
NT2 geldlohn
NT2 naturallohn
NT2 stuecklohn
NT2 tariflohn
NT2 zeitlohn
NT1 lohntarif
rt arbeit
rt arbeitsbedingung
rt arbeitsrecht
rt erwerbstaetigkeit
rt freizeitbeschaeftigung
rt landw arbeitskraft
rt landw erwerbstaetige

ARBEITSZEIT
BT1 arbeitsbedingung
BT1 arbeitsstudie
BT2 arbeitswirtschaft

arbeitszeitsbedarf
USE **arbeitsbedarf**

ARGENTINIEN
BT1 suedamerika
BT2 amerika
rt lafta

ARMUT
BT1 lebensstandard
BT2 lebensverhaeltnisse
NT1 hunger

AROMASTOFF
BT1 zusatzstoff

ARTISCHOCKE
BT1 gemuese

ARZNEIPFLANZE
BT1 feldfrucht

ASIEN
NT1 ostasien
NT2 china
NT2 hongkong
NT2 japan
NT2 korea dvr
NT2 korea r
NT2 macao
NT2 mongolei
NT1 staaten des persischen golfs
NT2 bahrein
NT2 foederation der arabischen emirate
NT2 katar
NT2 kuweit
NT1 suedostasien
NT2 bangladesch
NT2 bhutan
NT2 birma
NT2 brunei
NT2 indien
NT2 indochina
NT3 kampuchea
NT3 lao
NT3 vietnam
NT2 indonesien
NT2 malaysia
NT2 malediven
NT2 nepal
NT2 pakistan
NT2 philippinen
NT2 portugiesisch-timor
NT2 singapur
NT2 sri lanka
NT2 thailand
NT1 westasien
NT2 afghanistan
NT2 irak
NT2 iran
NT2 israel
NT2 jemen
NT2 jemen dvr
NT2 jordanien
NT2 libanon
NT2 oman
NT2 saudi-arabien
NT2 syrien

ASIEN (C)
NT2 zypern

ASTREINIGUNG
BT1 pflanzenpflege
BT2 pflanzliche produktionstechnik

AUBERGINE
BT1 gemuese

AUDIOVISUELLE MITTEL
BT1 lehrmethode
NT1 schulfernsehen
NT1 schulfunk
rt film
rt rundfunk

AUFFORSTUNG
uf wiederaufforstung
BT1 forstwirtschaft
BT2 bodenordnung

AUFWERTUNG
BT1 waehrungsparitaet
BT2 waehrungspolitik

AUFZUCHT
BT1 tierische produktionstechnik
NT1 extensive viehhaltung
NT1 gewerbliche viehhaltung
NT1 mutterlose aufzucht
rt tierproduktion

AUSBILDUNGSABGABE
BT1 bildungspolitik

AUSBILDUNGSBEIHILFE
uf stipendium
BT1 bildungspolitik

AUSFUHR
BT1 aussenhandel
BT2 handel

AUSFUHRBEIHILFE
BT1 ausfuhrfoerderung
BT2 handelspolitik

AUSFUHRBESCHRAENKUNG
BT1 handelsschranken
BT2 protektionismus

AUSFUHRDIVERSIFIKATION
BT1 handelspolitik

AUSFUHRERSTATTUNG
BT1 ausfuhrfoerderung
BT2 handelspolitik

AUSFUHRFOERDERUNG
BT1 handelspolitik
NT1 ausfuhrbeihilfe
NT1 ausfuhrerstattung
NT1 ausfuhrkredit

AUSFUHRKREDIT
BT1 ausfuhrfoerderung
BT2 handelspolitik
BT1 kredit
BT2 kreditverkehr

AUSFUHRVERSICHERUNG
BT1 versicherung

AUSJAETEN
BT1 pflanzenschutzverfahren

AUSLAENDISCHES UNTERNEHMEN
BT1 unternehmen

AUSLANDSANLAGE
BT1 investition
BT2 lage der landwirtschaft

AUSLANDSVERSCHULDUNG
BT1 verschuldung
BT2 kreditverkehr
rt zahlungsbilanz

AUSLOESUNGSPREIS
BT1 preis

AUSSCHEIDEN AUS DEM ARBEITSLEBEN
BT1 arbeitsbedingung
rt altenteiler

AUSSENHANDEL
BT1 handel
NT1 agraraussenhandel
NT1 ausfuhr
NT1 einfuhr

AUSSERBETRIEBL ERWERBSTAETIGKEIT
BT1 erwerbstaetigkeit
rt nebenerwerbsbetrieb
rt nebenerwerbslandwirt
rt nichtlandw einkommen

australasien
USE **ozeanien**

AUSTRALIEN
BT1 ozeanien
rt antarktis
rt commonwealth
rt pazifische inseln au

AUSWANDERUNG
BT1 wanderung

AUSWERTUNG
uf evaluierung
NT1 messung
rt effizienz
rt planung

AUTOMATION
rt computer
rt kybernetik
rt mechanisierung
rt technischer fortschritt

AUTORITAET
BT1 macht
BT2 sozialsystem

AVOCADO
BT1 suedfrucht
BT2 obst

AZOREN
BT1 westeuropa
BT2 europa
rt portugal

BACKWAREN
NT1 brot
rt backwarenindustrie
rt getreideerzeugnis
rt nahrungsmittel

BACKWARENINDUSTRIE
BT1 lebensmittelindustrie
NT1 teigwarenindustrie
rt backwaren

BAHAMAS
BT1 karibischer raum
BT2 amerika
rt commonwealth
rt vereinigtes koenigreich

BAHNTRANSPORT
BT1 transport

BAHREIN
BT1 staaten des persischen golfs
BT2 asien

BAKTERIZID
BT1 pestizid

BANANE
BT1 suedfrucht
BT2 obst

BANGLADESCH
BT1 suedostasien
BT2 asien
rt commonwealth

BANK
NT1 entwicklungsbank
NT1 genossenschaftsbank
NT2 kreditgenossenschaft
NT1 handelsbank
NT1 industriekreditbank
NT1 investitionsbank
NT1 landw bank
NT1 sparkasse
rt finanzierungsinstitution

BANKDARLEHEN
BT1 privatanleihe
BT2 anleihe
BT3 kreditverkehr

BANQUE DE FOURRAGE
(zwischenbetrieblicher verkauf von betriebseigenen futtermitteln auf vertragsbasis)
BT1 betriebshilfsdienst
BT2 dienstleistungskooperation

BANQUE DE TRAVAIL
(verrechnung von arbeitszeiten zwischen mehreren betrieben)
BT1 betriebshilfsdienst
BT2 dienstleistungskooperation

BARBADOS
BT1 karibischer raum
BT2 amerika
rt commonwealth

BASISPRODUKT
BT1 produkt

BATATE
uf suesskartoffel
BT1 gemuese

BAUERNTUM
BT1 agrargesellschaft
BT2 gesellschaft

BAUERNVERBAND
BT1 interessengruppe
BT2 gruppe

BAUGENEHMIGUNG
BT1 genehmigung
rt landw bauen

BAUM UND STRAUCH
BT1 feldfrucht
rt baumschule

BAUMSCHULE
BT1 gartenbau
BT2 pflanzenproduktion
BT3 betriebszweig
rt baum und strauch

BAUMWOLLE
BT1 faserpflanze
BT2 feldfrucht

BAUMWOLLENTKOERNUNG
BT1 baumwollindustrie
BT2 textilindustrie
BT3 non-food-industrie

BAUMWOLLINDUSTRIE
BT1 textilindustrie
BT2 non-food-industrie
NT1 baumwollentkoernung

BAUMWOLLOEL
BT1 pflanzenfett
BT2 fett

BAYESISCHE THEORIE
BT1 unternehmensforschung
rt entscheidungsfindung

BEERENOBST
BT1 obst
NT1 blaubeere
NT1 brombeere
NT1 erdbeere
NT1 himbeere
NT1 rote johannisbeere
NT1 schwarze johannisbeere
NT1 stachelbeere

BEGASUNG
BT1 pflanzenschutzverfahren

BEIHILFE
BT1 agrarfinanzpolitik
NT1 beihilfe fuer lagerhaltung
NT1 betriebsbeihilfe
NT1 bodenabgaberente
NT1 flaechenbeihilfe
NT1 nichtvermarktungspraemie
NT1 rodungspraemie
NT1 schlachtpraemie
NT1 umstellungsbeihilfe
rt landw katastrophe
rt schadensfaelle
rt stuetzungspolitik

BEIHILFE FUER LAGERHALTUNG
BT1 beihilfe
BT2 agrarfinanzpolitik
rt vorrat

BEIHILFEFONDS
NT1 eagfl
NT1 eg-fonds fuer reg entwicklung
NT1 eg-sozialfonds
NT1 nationaler fonds
rt agrarmarktpolitik
rt entwicklungshilfe
rt investitionsfoerderung
rt regionale agrarpolitik
rt regionale wirtschaftl entwicklung

BEITRAG
BT1 versicherung

BELGIEN
BT1 westeuropa
BT2 europa
NT1 belgien (antwerpen)
NT1 belgien (brabant)
NT1 belgien (hainaut)
NT1 belgien (liege)
NT1 belgien (limburg)
NT1 belgien (namur)
NT1 belgien (oost-vlaanderen)
NT1 belgien (west-vlaanderen)
rt europaeische gemeinschaften
rt luxemburg
rt niederlande

BELGIEN (ANTWERPEN)
BT1 belgien
BT2 westeuropa
BT3 europa

BELGIEN (BRABANT)
BT1 belgien
BT2 westeuropa
BT3 europa

BELGIEN (HAINAUT)
BT1 belgien
BT2 westeuropa
BT3 europa

BELGIEN (LIEGE)
BT1 belgien
BT2 westeuropa
BT3 europa

BELGIEN (LIMBURG)
BT1 belgien
BT2 westeuropa
BT3 europa

BELGIEN (NAMUR)
BT1 belgien

BELGIEN (NAMUR) (C)
BT2 westeuropa
BT3 europa

BELGIEN (OOST-VLAANDEREN)
BT1 belgien
BT2 westeuropa
BT3 europa

BELGIEN (WEST-VLAANDEREN)
BT1 belgien
BT2 westeuropa
BT3 europa

BELIZE
uf britisch-honduras
BT1 mittelamerika
BT2 amerika
rt vereinigtes koenigreich

BENIN
uf dahome
BT1 westafrika
BT2 afrika suedlich der sahara
BT3 afrika
rt franzoesischsprachiges afrika

BERATER
BT1 beratung

BERATUNG
NT1 berater
NT1 beratungsstelle
rt agrarpresse
rt information
rt kommunikation
rt massenmedien
rt verbreitung forschungsergebnisse

BERATUNGSSTELLE
BT1 beratung
rt dienstleistung

BEREGNUNG
BT1 bodenverbesserung
BT2 pflanzliche produktionstechnik

BERGGEBIET
BT1 landw benachteiligte gebiete
BT2 regionale agrarpolitik
BT3 agrarpolitik

BERICHT
BT1 veroeffentlichung

berlin (ost)
USE **deutsche demokratische republik**

berlin (west)
USE **bundesrepublik deutschland**

BERMUDAS
BT1 nordamerika
BT2 amerika
rt vereinigtes koenigreich

BERUF
NT1 arbeiter
NT1 betriebsleiter
NT1 landarbeiter
NT1 landwirt
NT1 lehrer

BERUFLICHER STATUS
BT1 status
BT2 soziale schichtung
BT3 sozialstruktur

BERUFSAUSBILDUNG
BT1 bildung
NT1 betriebsausbildung
NT1 lehre
NT1 praktikum
NT1 umschulung

BERUFSKRANKHEIT
BT1 arbeitssicherheit
BT2 arbeitsbedingung

BERUFSPRESTIGE
BT1 status
BT2 soziale schichtung
BT3 sozialstruktur

BERUFSSTATUT
BT1 rechtsquelle

BERUFSWECHSEL
BT1 erwerbstaetigkeit
rt entvoelkerung des laendl raumes
rt umschulung

BESCHREIBENDE STATISTIK
BT1 statistik
NT1 mittelwertsmerkmal
NT2 durchschnitt
NT1 verteilungsmerkmal
NT2 standardabweichung
NT2 varianz
NT2 zeitreihe
NT3 saisonalitaet

besitz
USE **eigentum**

BESITZUEBERGANG
BT1 grundeigentum
NT1 erbschaft
NT1 grundstuecksverkehr
NT1 hypothek

BESTAND
BT1 buchfuehrung

BESTANDSGROESSE
BT1 betriebsgroesse
rt vieh

BETRIEBSANALYSE
NT1 produktionsfaktor
rt wirtschaftsanalyse

BETRIEBSAUSBILDUNG
BT1 berufsausbildung
BT2 bildung

BETRIEBSBEIHILFE
BT1 beihilfe
BT2 agrarfinanzpolitik

BETRIEBSEINHEIT
BT1 wirtschaftseinheit

BETRIEBSEINKOMMEN
BT1 betriebserfolg
rt eg-buchfuehrungsnetz

BETRIEBSENTWICKLUNG
uf betriebsentwicklungsplan
BT1 investitionsfoerderung
BT2 investitionspolitik
NT1 foerderungsschwelle
rt agrarstrukturpolitik
rt betriebsplanung

betriebsentwicklungsplan
USE **betriebsentwicklung**

BETRIEBSERFOLG
NT1 arbeitsertrag
NT1 betriebseinkommen
NT1 betriebsverschuldung
NT2 konkurs
NT1 gewinn
NT1 reinertrag
NT1 roheinkommen
NT1 unternehmereinkommen
NT2 nichtlandw einkommen
NT1 verlust
rt rechnungswesen

BETRIEBSFLAECHE
NT1 ackerflaeche
NT1 landw genutzte flaeche
rt betriebsgroesse

BETRIEBSFUEHRUNG
BT1 management
BT2 menschliche ressourcen
BT3 wirtschaftl ressourcen
BT4 wirtschaftl lage

BETRIEBSFUSION
BT1 konzentration
BT2 soziooekonom organisationsform

BETRIEBSGEMEINSCHAFT
BT1 betriebstyp
BT2 betriebssystem
rt betriebszweiggemeinschaft

BETRIEBSGROESSE
NT1 bestandsgroesse
NT1 parzellengroesse
rt betriebsflaeche
rt betriebsstruktur
rt grossbetrieb
rt kleinbetrieb
rt mittelbetrieb

BETRIEBSHILFSDIENST
BT1 dienstleistungskooperation
NT1 banque de fourrage
NT1 banque de travail
NT1 maschinengemeinschaft
rt horizontale integration

BETRIEBSLEITER
BT1 beruf
rt landwirt

betriebsmittel
USE **produktionsmittel**

BETRIEBSMODELL
BT1 betriebsplanung
BT1 modell

BETRIEBSPACHT
uf *landpacht*
BT1 landw pachtwesen

BETRIEBSPLANSPIEL
BT1 lehrmethode

BETRIEBSPLANUNG
uf *anbauplan+*
NT1 betriebsmodell
NT1 deckungsbeitragsrechnung
NT1 finanzierungsplanung
NT2 budgetkalkulation
NT1 investitionsplanung
NT2 risiko
NT2 unsicherheit
NT1 unternehmensfuehrung zielvorgabe
NT1 voranschlagsplanung
rt betriebsentwicklung
rt landw planung
rt planung
rt rechnungswesen

BETRIEBSRECHNUNG
BT1 wirtschaftsrechnung

BETRIEBSSTATISTIK
BT1 statistische erhebung
NT1 eg-buchfuehrungsnetz

BETRIEBSSTRUKTUR
BT1 agrarstruktur
rt betriebsgroesse
rt betriebssystem
rt struktur

BETRIEBSSYSTEM
NT1 betriebstyp
NT2 betriebsgemeinschaft
NT2 familienbetrieb
NT2 grossbetrieb
NT2 kleinbetrieb
NT2 kleingarten
NT2 mittelbetrieb
NT2 nebenerwerbsbetrieb
NT3 nebenerwerbslandwirt

BETRIEBSSYSTEM (C)
NT2 plantage
NT2 spezialisierter betrieb
NT2 vielseitiger betrieb
NT2 vollerwerbsbetrieb
NT1 entwicklungsbetrieb
NT1 extensive landwirtschaft
NT1 intensive landwirtschaft
NT1 marktbetrieb
NT1 subsistenzbetrieb
rt betriebsstruktur

BETRIEBSTELLIGUNG
rt agrarstrukturpolitik
rt bodenabgaberente

BETRIEBSTYP
uf *landw unternehmen*
BT1 betriebssystem
NT1 betriebsgemeinschaft
NT1 familienbetrieb
NT1 grossbetrieb
NT1 kleinbetrieb
NT1 kleingarten
NT1 mittelbetrieb
NT1 nebenerwerbsbetrieb
NT2 nebenerwerbslandwirt
NT1 plantage
NT1 spezialisierter betrieb
NT1 vielseitiger betrieb
NT1 vollerwerbsbetrieb
rt landw betrieb

BETRIEBSVERSCHULDUNG
BT1 betriebserfolg
BT1 lage der landwirtschaft
NT1 konkurs
rt verschuldung

BETRIEBSZWEIG
NT1 nahrungsmittelproduktion
NT1 nebenbetrieb
NT1 pflanzenproduktion
NT2 ackerbau
NT2 futterbau
NT2 gartenbau
NT3 baumschule
NT3 gemuesebau
NT3 obstbau
NT3 zierpflanzenbau
NT2 waldbau
NT2 weidehaltung
NT2 weinbau
NT1 tierproduktion
NT2 aquakultur
NT2 bienenhaltung
NT2 fischhaltung
NT2 gefluegelhaltung
NT2 kleintierhaltung
NT2 pferdehaltung
NT2 rindviehhaltung
NT3 milchviehhaltung
NT2 schafhaltung
NT2 schweinehaltung
NT2 seidenraupe
NT2 ziegenhaltung
NT1 vielseitiger anbau
rt fischerei
rt jagd
rt landw betrieb

BETRIEBSZWEIGGEMEINSCHAFT
NT1 anbaugemeinschaft
NT1 erzeugergemeinschaft
NT1 gaec
NT1 groupement foncier agricole
NT1 safer
NT1 viehhaltungsgemeinschaft
NT1 waldgemeinschaft
NT1 weidegemeinschaft
rt betriebsgemeinschaft
rt gemeinschaftliche produktion
rt kooperation

BETRUGSVERHUETUNG
BT1 verbraucherschutz

BEVOELKERUNG
NT1 bevoelkerungsstruktur
NT2 erwerbstaetige
NT3 landw erwerbstaetige
NT2 laendliche bevoelkerung
NT2 landw bevoelkerung
NT2 nicht-erwerbstaetige
NT3 altenteiler
NT3 arbeitsloser
NT2 staedtische bevoelkerung
rt demographie

BEVOELKERUNGSDICHTE
BT1 bevoelkerungsentwicklung

BEVOELKERUNGSDRUCK
BT1 bevoelkerungsentwicklung

BEVOELKERUNGSENTWICKLUNG
NT1 bevoelkerungsdichte
NT1 bevoelkerungsdruck
NT1 bevoelkerungsgleichgewicht
NT1 bevoelkerungsprognose
NT1 bevoelkerungsrueckgang
NT1 bevoelkerungswachstum
NT1 familienplanung
NT1 geburtenrate
NT1 gesundheit
NT1 sterblichkeit
rt aenderung

BEVOELKERUNGSGLEICHGEWICHT
BT1 bevoelkerungsentwicklung

BEVOELKERUNGSPROGNOSE
BT1 bevoelkerungsentwicklung

BEVOELKERUNGSPYRAMIDE
BT1 altersstruktur
BT2 alter

BEVOELKERUNGSRUECKGANG
BT1 bevoelkerungsentwicklung

BEVOELKERUNGSSTRUKTUR
BT1 bevoelkerung
NT1 erwerbstaetige
NT2 landw erwerbstaetige
NT1 laendliche bevoelkerung
NT1 landw bevoelkerung
NT1 nicht-erwerbstaetige
NT2 altenteiler
NT2 arbeitsloser
NT1 staedtische bevoelkerung
rt struktur

BEVOELKERUNGSWACHSTUM
BT1 bevoelkerungsentwicklung

BEWAESSERUNG
BT1 bodenverbesserung
BT2 pflanzliche produktionstechnik
rt wasser

BEWAESSERUNGSWIRTSCHAFT
BT1 bodennutzungsform

BEWERTUNG
NT1 bodenpreis
NT1 einheitswert
NT1 grundrente
NT1 pachtpreis
rt entschaedigung

BEWUSSTSEIN
BT1 verhalten

BHUTAN
BT1 suedostasien
BT2 asien

BIBLIOGRAPHIE
BT1 referatezeitschrift
BT2 zeitschrift
BT3 veroeffentlichung

BIBLIOTHEK
rt dokumentationszentrum

BIENE
rt bienenhaltung
rt honig

BIENENHALTUNG
BT1 tierproduktion
BT2 betriebszweig
rt biene
rt honig

BIER
BT1 alkoholhaltiges getraenk
BT2 getraenk
rt brauwirtschaft

BILANZ
BT1 bilanzanalyse
NT1 aktiva
NT2 anlagevermoegen
NT2 umlaufvermoegen
NT3 finanzumlaufvermoegen
NT2 viehvermoegen
NT1 cash-flow
NT1 passiva
NT2 eigenkapital
NT2 fremdkapital
NT2 rechnungsabgrenzung
NT3 konsolidierte bilanz
NT2 rueckstellung

BILANZANALYSE
NT1 bilanz
NT2 aktiva
NT3 anlagevermoegen
NT3 umlaufvermoegen
NT4 finanzumlaufvermoegen
NT3 viehvermoegen
NT2 cash-flow
NT2 passiva
NT3 eigenkapital
NT3 fremdkapital
NT3 rechnungsabgrenzung
NT4 konsolidierte bilanz
NT3 rueckstellung
NT1 bilanzergebnis
NT1 bilanzneubewertung
NT1 jahresbilanz
rt rechnungswesen

BILANZERGEBNIS
BT1 bilanzanalyse

BILANZNEUBEWERTUNG
BT1 bilanzanalyse

BILDUNG
NT1 analphabetentum
NT1 berufsausbildung
NT2 betriebsausbildung
NT2 lehre
NT2 praktikum
NT2 umschulung
NT1 erwachsenenbildung
NT1 fachhochschulbildung
NT1 hochschulbildung
NT1 landw unterrichtswesen
NT1 schulbildung
NT2 grundschulbildung
NT2 weiterbildung
rt bildungsplan
rt freizeitbeschaeftigung
rt lehrer

BILDUNGSPLAN
uf curriculum
rt analphabetentum
rt bildung

BILDUNGSPOLITIK
NT1 ausbildungsabgabe
NT1 ausbildungsbeihilfe
NT1 bildungsreform
NT1 bildungsurlaub
NT1 lehrvertrag
rt politik

BILDUNGSREFORM
BT1 bildungspolitik

BILDUNGSURLAUB
BT1 bildungspolitik

BINNENHANDEL
BT1 handel

BINNENSCHIFFSTRANSPORT
BT1 transport

BINNENTRANSPORT
BT1 transport

BIOLOGISCHE LANDWIRTSCHAFT
BT1 bodennutzungsform

BIOLOGISCHER PFLANZENSCHUTZ
BT1 pflanzenpflege
BT2 pflanzliche produktionstechnik

BIRMA
BT1 suedostasien
BT2 asien

BIRNE
BT1 kernobst
BT2 obst

BITTERMANDEL
BT1 mandel
BT2 nuss

BJELORUSSISCHE REPUBLIK
uf weissrussland ssr
BT1 osteuropa
BT2 europa
rt udssr

BLAUBEERE
BT1 beerenobst
BT2 obst

BLUME
BT1 zierpflanze
BT2 feldfrucht
NT1 blumenzwiebel

BLUMENKOHL
BT1 gemuese

BLUMENZWIEBEL
BT1 blume
BT2 zierpflanze
BT3 feldfrucht

BODEN
uf bodenrecht+
NT1 ackerflaeche
NT1 brache
NT1 forstflaeche
NT1 gewaesser
NT1 gruenland
NT2 dauergruenland
NT2 feldgrasbau
NT2 praerie
NT1 jungfraeulicher boden
NT1 neuland
NT2 polder
NT1 obstflaeche
NT1 oedland
NT1 rebflaeche
NT1 sozialbrache
rt bodennutzung
rt natuerliche ressourcen
rt produktionsfaktor

BODENABGABERENTE
BT1 beihilfe
BT2 agrarfinanzpolitik
rt betriebstelligung

BODENANALYSE
rt bodenart
rt bodeneigenschaft

BODENART
rt bodenanalyse
rt bodeneigenschaft

BODENBEARBEITUNG
BT1 pflanzliche produktionstechnik
NT1 eggen
NT1 minimalbodenbearbeitung
NT1 neubepflanzung
NT1 pflanzung
NT1 pfluegen
NT1 pflugloser anbau
NT1 saeen
NT1 untergrundlockerung
NT1 walzen

BODENEIGENSCHAFT
NT1 bodenfeuchtigkeit
NT1 bodenfruchtbarkeit
rt bodenanalyse
rt bodenart

bodenerosion
USE **bodenschutz**

BODENFEUCHTIGKEIT
BT1 bodeneigenschaft

BODENFONDS
rt flaechenstillegung
rt safer

BODENFRUCHTBARKEIT
BT1 bodeneigenschaft

BODENMARKT
BT1 markt
NT1 bodenmobilitaet
rt bodenpreis

BODENMOBILITAET
BT1 bodenmarkt
BT2 markt
rt unveraeusserliches land

BODENNUTZUNG
(planung und verteilung landw und nicht landw flaechen)
rt abgrenzung laendlicher raeume
rt boden
rt landschaftspflege
rt pflanzliche produktionstechnik

BODENNUTZUNGSFORM
NT1 bewaesserungswirtschaft
NT1 biologische landwirtschaft
NT1 dauerkulturwirtschaft
NT1 hydrokultur
NT1 terrassenkultur
NT1 trockenfeldbau
NT1 unterglasanbau
NT1 urwechselwirtschaft
rt feldfrucht

BODENORDNUNG
NT1 forstwirtschaft
NT2 aufforstung
NT1 oeffentlicher landbesitz
NT2 gemeindeland
NT2 nationalpark
NT2 staatswald
NT1 wasserwirtschaft
rt forstpolitik

BODENPREIS
BT1 bewertung
rt bodenmarkt

bodenrecht+
USE **boden**
AND **gesetz**

BODENREFORM
BT1 agrarreform

BODENSCHUTZ
uf bodenerosion
BT1 bodenverbesserung
BT2 pflanzliche produktionstechnik

BODENVERBESSERUNG
uf melioration

BODENVERBESSERUNG (C)
BT1 pflanzliche produktionstechnik
NT1 beregnung
NT1 bewaesserung
NT1 bodenschutz
NT1 duengung
NT1 entwaesserung
rt landtechnik

BOLIVIEN
BT1 suedamerika
BT2 amerika
rt lafta

BONUS
BT1 marketing

BOOLESCHE ALGEBRA
BT1 mathematik
rt edv

BOTSWANA
BT1 suedliches afrika
BT2 afrika suedlich der sahara
BT3 afrika
rt commonwealth
rt englischsprachiges afrika

BOYKOTT
BT1 diskriminierung
BT2 protektionismus

BRACHE
BT1 boden

BRANNTWEIN
BT1 alkoholhaltiges getraenk
BT2 getraenk

BRANNTWEINWIRTSCHAFT
BT1 getraenkeindustrie
BT2 lebensmittelindustrie

BRASILIEN
BT1 suedamerika
BT2 amerika
rt lafta

BRAUGERSTE
BT1 gerste
BT2 getreide
BT3 feldfrucht

BRAUWIRTSCHAFT
BT1 getraenkeindustrie
BT2 lebensmittelindustrie
rt bier

BRD (BADEN-WUERTTEMBERG)
BT1 bundesrepublik deutschland
BT2 westeuropa
BT3 europa

BRD (BAYERN)
BT1 bundesrepublik deutschland
BT2 westeuropa
BT3 europa

BRD (HESSEN)
BT1 bundesrepublik deutschland
BT2 westeuropa
BT3 europa

BRD (NIEDERSACHSEN)
(einschl. bremen)
BT1 bundesrepublik deutschland
BT2 westeuropa
BT3 europa

BRD (NORDRHEIN-WESTFALEN)
BT1 bundesrepublik deutschland
BT2 westeuropa
BT3 europa

BRD (RHEINLAND-PFALZ)
BT1 bundesrepublik deutschland
BT2 westeuropa
BT3 europa

BRD (SAARLAND)
BT1 bundesrepublik deutschland
BT2 westeuropa
BT3 europa

BRD (SCHLESWIG-HOLSTEIN)
(einschl. hamburg)
BT1 bundesrepublik deutschland
BT2 westeuropa
BT3 europa

britisch-honduras
USE **belize**

britische kanalinseln
USE **gb (channel islands)**

BROCCOLI
BT1 gemuese

BROMBEERE
BT1 beerenobst
BT2 obst

BROT
uf mischbrot
BT1 backwaren

BROTGETREIDE
BT1 getreide
BT2 feldfrucht

BRUNEI
BT1 suedostasien
BT2 asien
rt vereinigtes koenigreich

BRUTTOSOZIALPRODUKT
BT1 gesamtdäten
rt volkswirtsch gesamtrechnung

BUCH
BT1 veroeffentlichung

BUCHFUEHRUNG
NT1 abschreibung
NT2 abschreibungsverfahren
NT1 bestand
NT1 buchfuehrungssystem
NT2 doppelte buchfuehrung
NT2 einfache buchfuehrung
NT2 globale buchfuehrung
NT1 kontenplan
NT1 vorratsrechnung
rt rechnungswesen

BUCHFUEHRUNGSSYSTEM
BT1 buchfuehrung
NT1 doppelte buchfuehrung
NT1 einfache buchfuehrung
NT1 globale buchfuehrung

BUCHWEIZEN
BT1 getreide
BT2 feldfrucht

BUDGETKALKULATION
BT1 finanzierungsplanung
BT2 betriebsplanung

BUDGETKONTROLLE
BT1 programmkontrolle
BT2 unternehmensforschung

BUEFFEL
BT1 rindvieh

BUERGERLICHES RECHT
BT1 gesetzgebung
BT2 rechtsquelle

BULGARIEN
BT1 osteuropa
BT2 europa
rt comecon

BULLE
BT1 rindvieh

BUND-LAENDER-BEZIEHUNG

BUNDESREGIERUNG
BT1 verwaltung
NT1 landwirtschafsministerium

BUNDESREPUBLIK DEUTSCHLAND
uf berlin (west)
BT1 westeuropa
BT2 europa
NT1 brd (baden-wuerttemberg)
NT1 brd (bayern)
NT1 brd (hessen)
NT1 brd (niedersachsen)
NT1 brd (nordrhein-westfalen)
NT1 brd (rheinland-pfalz)
NT1 brd (saarland)
NT1 brd (schleswig-holstein)
rt europaeische gemeinschaften

BURUNDI
BT1 ostafrika
BT2 afrika suedlich der sahara
BT3 afrika
BT1 zentralafrika
rt franzoesischsprachiges afrika

BUTTER
BT1 milchprodukt
rt margarine

BUTTERMILCH
(einschliesslich buttermilch aus der butterherstellung)
BT1 sauermilch
BT2 milchprodukt

butterschmalz
USE **milchfett**

CACM
(zentralamerikanischer gemeinsamer markt)
BT1 organisationen
rt costa rica
rt el salvador
rt guatemala
rt honduras
rt nicaragua

caicosinseln
USE **turks- und caicosinseln**

CASH-FLOW
BT1 bilanz
BT2 bilanzanalyse

CASH-FLOW-ANALYSE
BT1 plandurchfuehrung und evaluierung
BT2 unternehmensforschung

CATERING
BT1 lebensmittelindustrie

ceylon
USE **sri lanka**

CHARAKTER
BT1 person

CHEMISCHE INDUSTRIE
BT1 inputindustrie
NT1 duengemittelindustrie

CHI-QUADRAT-TEST
BT1 statistische inferenz
BT2 analytische statistik
BT3 statistik

CHICOREE
BT1 gemuese

CHILE
BT1 suedamerika
BT2 amerika
rt lafta

CHINA
uf kontinentalchina

CHINA (C)
uf taiwan
BT1 ostasien
BT2 asien

CLEMENTINE
BT1 zitrusfrucht
BT2 obst

COMECON
(rat fuer gegenseitige wirtschaftshilfe)
BT1 organisationen
rt bulgarien
rt deutsche demokratische republik
rt kuba
rt mongolei
rt polen
rt rumaenien
rt tschechoslowakei
rt udssr
rt ungarn

COMMONWEALTH
rt australien
rt bahamas
rt bangladesch
rt barbados
rt botswana
rt fidschi
rt gambia
rt ghana
rt granatapfel
rt guayana
rt indien
rt jamaika
rt kanada
rt kenia
rt lesotho
rt malawi
rt malaysia
rt malta
rt mauritius
rt nauru
rt neuseeland
rt nigeria
rt papua neuguinea
rt sambia
rt sierra leone
rt singapur
rt sri lanka
rt swasiland
rt tonga
rt trinidad und tobago
rt uganda
rt vereinigtes koenigreich
rt westsamoa
rt zypern

COMPUTER
uf rechner
BT1 hardware
NT1 minicomputer
rt automation
rt software

COMPUTER PROGRAMMIERUNG
BT1 programmierung

CONTAINERTRANSPORT
BT1 transport

CORVIZID
BT1 pestizid

COSTA RICA
BT1 mittelamerika
BT2 amerika
rt cacm

curriculum
USE **bildungsplan**

DAENEMARK
BT1 skandinavien
BT2 westeuropa
BT3 europa
NT1 daenemark (bornholm)
NT1 daenemark (fyn)

DAENEMARK (C)
NT1 daenemark (jylland)
NT1 daenemark (lolland-falster)
NT1 daenemark (sjaelland)
rt europaeische gemeinschaften
rt faroeer inseln
rt groenland

DAENEMARK (BORNHOLM)
BT1 daenemark
BT2 skandinavien
BT3 westeuropa
BT4 europa

DAENEMARK (FYN)
BT1 daenemark
BT2 skandinavien
BT3 westeuropa
BT4 europa

DAENEMARK (JYLLAND)
BT1 daenemark
BT2 skandinavien
BT3 westeuropa
BT4 europa

DAENEMARK (LOLLAND-FALSTER)
BT1 daenemark
BT2 skandinavien
BT3 westeuropa
BT4 europa

DAENEMARK (SJAELLAND)
BT1 daenemark
BT2 skandinavien
BT3 westeuropa
BT4 europa

dahome
USE **benin**

DATENBANK
BT1 dokumentation
rt informationsspeicherung

DATENBASIS
BT1 dokumentation
rt informationsspeicherung

DATENERFASSUNG
uf datensammlung
rt datenverarbeitung
rt statistische erhebung
rt stichprobenverfahren
rt zaehlung

datensammlung
USE **datenerfassung**

DATENVERARBEITUNG
uf fernverarbeitung
NT1 dialogbetrieb
rt datenerfassung

DATIERUNG
BT1 marktstandard

DATTEL
BT1 suedfrucht
BT2 obst

DAUERGRUENLAND
BT1 gruenland
BT2 boden

DAUERKULTURWIRTSCHAFT
BT1 bodennutzungsform

DECKEN
BT1 tierzucht
BT2 tierische produktionstechnik

DECKUNGSBEITRAG
BT1 rentabilitaet
BT2 wirtschaftlichkeitsanalyse

DECKUNGSBEITRAGSRECHNUNG
BT1 betriebsplanung

DECKUNGSBEITRAGSRECHNUNG (C)
rt wirtschaftsanalyse

DEFLATION
BT1 geldwirtschaft

DEMOGRAPHIE
rt bevoelkerung

DEMOKRATIE
BT1 politisches system
NT1 parlament

DENKEN
BT1 entscheidungsfindung

DESORGANISATION DER FAMILIE
BT1 familienleben

DEUTSCHE DEMOKRATISCHE REPUBLIK
uf berlin (ost)
BT1 osteuropa
BT2 europa
rt comecon

DEVISEN
BT1 waehrung

DEZENTRALISIERUNG
BT1 soziooekonom organisationsform

DIAETETISCHES LEBENSMITTEL
BT1 verzehrsfertiges lebensmittel
NT1 kindernaehrmittel

DIALOGBETRIEB
BT1 datenverarbeitung

DIENSTBARKEIT
BT1 eigentumsbeschraenkung
BT2 eigentum

DIENSTLEISTUNG
BT1 tertiaerer sektor
BT2 wirtschaftssektor
NT1 veterinaerdienst
rt beratungsstelle
rt landtechnik

DIENSTLEISTUNGSKOOPERATION
NT1 betriebshilfsdienst
NT2 banque de fourrage
NT2 banque de travail
NT2 maschinengemeinschaft
NT1 genossenschaftlicher pflanzenschutz
NT1 genossenschaftsbank
NT2 kreditgenossenschaft
NT1 meliorationsgenossenschaft
NT1 versicherungsgenossenschaft
NT1 zuchtgenossenschaft
rt kooperation

DIKTATUR
BT1 politisches system

DIREKTE STEUER
BT1 steuerwesen
BT2 oeffentliche finanzen
NT1 einkommensteuer
NT1 erbschaftssteuer
NT1 kapitalertragssteuer
NT2 grundsteuer
NT1 koerperschaftssteuer

DIREKTVERKAUF
BT1 einzelhandel
BT2 absatzweg
BT3 absatz

DISKONTSATZ
BT1 kreditkontrolle
BT2 kreditpolitik

DISKRIMINANZANALYSE
BT1 statistische inferenz
BT2 analytische statistik
BT3 statistik

DISKRIMINIERUNG
BT1 protektionismus
NT1 boykott
NT1 dumping
NT1 embargo
NT1 preisdiskriminierung

DISPARITAET
uf innerlandw disparitaet+
BT1 lage der landwirtschaft
rt einkommensverteilung

DISSERTATION
BT1 veroeffentlichung

DIVERSIFIKATION
BT1 soziooekonom organisationsform
rt integration
rt vielseitiger anbau

DOKUMENTATION
NT1 datenbank
NT1 datenbasis
rt geschichte
rt information
rt informationssuche
rt laendliche sozialforschung
rt verbreitung forschungsergebnisse

DOKUMENTATIONSSPRACHE
BT1 informationsverarbeitung
NT1 thesaurus

DOKUMENTATIONSZENTRUM
rt bibliothek

DOKUMENTENANALYSE
BT1 informationsverarbeitung
NT1 indexierung
NT1 klassifikation
NT1 kurzreferat

DOMINIKA
BT1 westindische staatengruppe
BT2 karibischer raum
BT3 amerika

DOMINIKANISCHE REPUBLIK
BT1 karibischer raum
BT2 amerika
BT1 mittelamerika

DOPPELTE BUCHFUEHRUNG
BT1 buchfuehrungssystem
BT2 buchfuehrung

DORF
BT1 laendliche gemeinde
BT2 laendliche umwelt
BT3 umwelt
rt gemeinde

DUENGEMITTEL
NT1 handelsduenger
NT2 kali
NT2 kalk
NT2 kompost
NT2 mehrnaehrstoffduenger
NT2 phosphat
NT2 stickstoff
NT3 harnstoff
NT1 organischer duenger
NT2 gruenduenger
NT2 guano
NT2 guelle
NT2 stallmist
rt produktionsmittel

DUENGEMITTELINDUSTRIE
BT1 chemische industrie
BT2 inputindustrie

DUENGUNG
BT1 bodenverbesserung
BT2 pflanzliche produktionstechnik

DUFTSTOFFPFLANZE
BT1 feldfrucht

DUMPING
BT1 diskriminierung
BT2 protektionismus
rt wettbewerbsbeschraenkung

DURCHSCHNITT
BT1 mittelwertsmerkmal
BT2 beschreibende statistik
BT3 statistik

DURCHSCHNITTSPREIS
BT1 preis

DURCHWACHSENER SPECK
BT1 fleischerzeugnis
rt schweinefleisch

DYNAMISCHE PROGRAMMIERUNG
BT1 programmierung

DYNAMISCHES MODELL
BT1 modell

EAGFL
(europaiescher ausrichtungs- und garantiefonds fuer die landw)
BT1 beihilfefonds

EBER
BT1 schwein

ECUADOR
BT1 suedamerika
BT2 amerika
rt lafta

EDV
rt boolesche algebra
rt software

EFFIZIENZ
NT1 kapazitaetsausnutzung
rt auswertung
rt wirtschaftlichkeitsanalyse

EFTA
(europaeische freihandelszone)
BT1 organisationen
rt finnland
rt island
rt liechtenstein
rt norwegen
rt oesterreich
rt portugal
rt schweden
rt schweiz

EG-AGRARPOLITIK
BT1 agrarpolitik
rt europaeische gemeinschaften
rt landw benachteiligte gebiete
rt politik

EG-BUCHFUEHRUNGSNETZ
BT1 betriebsstatistik
BT2 statistische erhebung
rt betriebseinkommen

EG-FONDS FUER REG ENTWICKLUNG
BT1 beihilfefonds

EG-MARKT
BT1 markt

EG-RECHNUNGSEINHEIT
BT1 waehrung

EG-RECHT
BT1 rechtsquelle
NT1 ewg-vertrag
NT2 eg-verordnung

EG-RECHTSENTSCHEID
rt ewg-vertrag
rt rechtsentscheid

EG-RICHTLINIE
sf richtlinie

EG-SOZIALFONDS
BT1 beihilfefonds

EG-VERORDNUNG
BT1 ewg-vertrag
BT2 eg-recht
BT3 rechtsquelle

EGGEN
BT1 bodenbearbeitung
BT2 pflanzliche produktionstechnik

EHE
BT1 familie
NT1 ehescheidung
NT1 heiratsalter

EHESCHEIDUNG
BT1 ehe
BT2 familie

EI
rt eierzeugnis
rt nahrungsmittel

EIERZEUGNIS
rt ei
rt nahrungsmittel

EIGENBEWIRTSCHAFTUNG
BT1 grundbesitzverhaeltnisse

EIGENFINANZIERUNG
BT1 finanzierung
rt rueckstellung

EIGENKAPITAL
BT1 passiva
BT2 bilanz
BT3 bilanzanalyse

EIGENTUEMER
uf verpaechter
rt landw pachtwesen
rt pachtruecknahme
rt paechter
rt rechte des verpaechters

EIGENTUM
uf besitz
NT1 eigentumsbeschraenkung
NT2 dienstbarkeit
NT2 enteignung
NT2 nutzungsbeschraenkung
NT1 gemeinschaftseigentum
NT1 niessbrauch
NT1 oeffentliches eigentum
NT1 privateigentum
rt flurbereinigung
rt grundeigentum

EIGENTUMSBESCHRAENKUNG
BT1 eigentum
NT1 dienstbarkeit
NT1 enteignung
NT1 nutzungsbeschraenkung

EIGENTUMSERWERB
NT1 accession
NT1 eigentumsschutz
NT1 ersitzung
NT1 vererbung
NT2 erbabfindung
NT2 erbteilung
NT2 geschlossene vererbung
NT1 vertrag

EIGENTUMSSCHUTZ
BT1 eigentumserwerb

EIGENTUMSVERHAELTNISSE
BT1 soziale schichtung
BT2 sozialstruktur
rt grundeigentum

EIGENVERBRAUCH
BT1 verbrauch
rt ernaehrungsgewohnheit

EIN-GENERATION-FAMILIE
BT1 kernfamilie
BT2 familienstruktur

EINDOSEN
BT1 verpacken

EINFACHE BUCHFUEHRUNG
BT1 buchfuehrungssystem
BT2 buchfuehrung

EINFUHR
BT1 aussenhandel
BT2 handel

EINFUHRBESCHRAENKUNG
NT1 abschoepfung
NT2 variable abschoepfung
rt handelsschranken

EINFUHRFOERDERUNG
BT1 handelspolitik

EINHEITSWERT
BT1 bewertung

EINKAUFSGENOSSENSCHAFT
BT1 handelsgenossenschaft
BT2 genossenschaftliche taetigkeit
rt einkaufsvereinigung

EINKAUFSVEREINIGUNG
BT1 grosshandel
BT2 absatzweg
BT3 absatz
rt einkaufsgenossenschaft

EINKOMMEN
NT1 einkommensverteilung
NT2 einkommensuebertragung
rt rechnungswesen
rt volkswirtsch gesamtrechnung

EINKOMMENSRECHNUNG
BT1 wirtschaftsrechnung

EINKOMMENSTEUER
BT1 direkte steuer
BT2 steuerwesen
BT3 oeffentliche finanzen

EINKOMMENSUEBERTRAGUNG
BT1 einkommensverteilung
BT2 einkommen
rt steuerwesen

EINKOMMENSVERTEILUNG
BT1 einkommen
NT1 einkommensuebertragung
rt disparitaet
rt lebensstandard
rt paritaet

EINSCHLEUSUNGSPREIS
BT1 preis

EINSTELLUNG
BT1 verhalten
NT1 politische einstellung

EINSTELLUNG ZUR ARBEIT
BT1 arbeitsbedingung

EINWANDERUNG
BT1 wanderung

einzelbetriebl foerderungsprogramm
USE **investitionsfoerderung**

EINZELHANDEL
BT1 absatzweg
BT2 absatz
NT1 direktverkauf
NT1 supermarkt
NT1 wochenmarkt

EINZELHANDELSPREIS
BT1 preis

EINZELHANDELSPREIS (C)
rt verbraucherpreis

EIWEISS
NT1 eiweiss-substitut
NT1 pflanzeneiweiss
NT1 tierisches eiweiss
rt ernaehrung

EIWEISS-SUBSTITUT
BT1 eiweiss

EIWEISSFUTTERMITTEL
BT1 gewerbliche futtermittel
BT2 futtermittel

EL SALVADOR
uf salvador
BT1 mittelamerika
BT2 amerika
rt cacm

ELASTIZITAET
BT1 entscheidungsanalyse
BT2 parametrisches verfahren
BT3 oekonometrie
rt preiselastizitaet
rt substitution

ELEKTRIFIZIERUNG
rt elektrizitaet
rt maschinenausstattung

ELEKTRIZITAET
BT1 energie
BT2 wirtschaftl ressourcen
BT3 wirtschaftl lage
rt elektrifizierung
rt treibstoff

ELFENBEINKUESTE
BT1 westafrika
BT2 afrika suedlich der sahara
BT3 afrika
rt franzoesischsprachiges afrika

ELITE
BT1 status
BT2 soziale schichtung
BT3 sozialstruktur

ELTERN
BT1 familiengroesse
BT2 familie
NT1 mutter
NT1 vater

ELTERN-KIND-BEZIEHUNG
BT1 generationenkonflikt
BT2 familienleben

EMBARGO
BT1 diskriminierung
BT2 protektionismus

ENDIVIE
BT1 gemuese

ENDPRODUKTION
BT1 gesamtdaten

ENDVERBRAUCH
BT1 gesamtdaten

ENERGIE
BT1 wirtschaftl ressourcen
BT2 wirtschaftl lage
NT1 elektrizitaet
NT1 solarenergie
rt treibstoff

england u. wales
USE **gb (england and wales)**

ENGLISCHSPRACHIGES AFRIKA
rt aegypten
rt afrika
rt botswana

ENGLISCHSPRACHIGES AFRIKA (C)
rt franzoesischsprachiges afrika
rt gambia
rt ghana
rt kenia
rt lesotho
rt liberia
rt libyen
rt malawi
rt mauritius
rt namibia
rt nigeria
rt rhodesien
rt sambia
rt sierra leone
rt st helena
rt sudan
rt suedafrika
rt swasiland
rt tansania
rt uganda

ENTE
BT1 gefluegel

ENTEIGNUNG
BT1 eigentumsbeschraenkung
BT2 eigentum
rt entschaedigung
rt grundstuecksverkehr

ENTLOHNUNG
BT1 arbeitswirtschaft
NT1 geldlohn
NT1 naturallohn
NT1 stuecklohn
NT1 tariflohn
NT1 zeitlohn

ENTMISTUNG
BT1 viehhaltung
BT2 tierische produktionstechnik
rt abfallbeseitigung
rt landw belastung

ENTSCHAEDIGUNG
rt bewertung
rt enteignung
rt landw katastrophe
rt versicherungsleistung

ENTSCHEIDUNGSANALYSE
BT1 parametrisches verfahren
BT2 oekonometrie
NT1 angebotsfunktion
NT1 elastizitaet
NT1 flexibilitaet
NT1 investitionsfunktion
NT1 nachfragefunktion
NT1 nutzfunktion
NT1 produktionsfunktion
NT1 sparkfunktion
NT1 verbrauchsfunktion

ENTSCHEIDUNGSFINDUNG
NT1 aktion
NT1 denken
NT1 erkennen
NT1 motivation
rt bayesische theorie

ENTVOELKERUNG DES LAENDL RAUMES
BT1 wanderung
rt berufswechsel

ENTWAESSERUNG
BT1 bodenverbesserung
BT2 pflanzliche produktionstechnik

ENTWICKELTES LAND
BT1 wirtschaftsgeographie

ENTWICKLUNG DER LANDWIRTSCHAFT
NT1 agrarkrise
NT1 gruene revolution
NT1 land-stadt-wanderung
rt lage der landwirtschaft
rt sektorale wirtschaftl entwicklung

ENTWICKLUNGSBANK
- **BT1** bank
- **rt** industriekreditbank
- **rt** investitionsbank

ENTWICKLUNGSBETRIEB
- **BT1** betriebssystem

ENTWICKLUNGSHILFE
- NT1 nahrungsmittelhilfe
- NT1 technische hilfe
- **rt** beihilfefonds
- **rt** entwicklungsland
- **rt** entwicklungspolitik
- **rt** entwicklungsprojekt
- **rt** internationales abkommen

ENTWICKLUNGSLAND
- **BT1** wirtschaftsgeographie
- **rt** entwicklungshilfe

ENTWICKLUNGSPLANUNG
- **BT1** planung
- NT1 entwicklungsprojekt

ENTWICKLUNGSPOLITIK
- **rt** entwicklungshilfe
- **rt** politik

ENTWICKLUNGSPROJEKT
- **BT1** entwicklungsplanung
  - **BT2** planung
- **rt** entwicklungshilfe

ENTWICKLUNGSTHEORIE
- **BT1** wirtschaftstheorie
- NT1 wirtschaftl dualismus

ERBABFINDUNG
- **BT1** vererbung
  - **BT2** eigentumserwerb
- **rt** erbteilung
- **rt** geschlossene vererbung

ERBPACHT
- **BT1** landw pachtwesen

erbrecht+
- USE **gesetz**
- AND **vererbung**

ERBSCHAFT
- **BT1** besitzuebergang
  - **BT2** grundeigentum
- **rt** vererbung

ERBSCHAFTSSTEUER
- **BT1** direkte steuer
  - **BT2** steuerwesen
    - **BT3** oeffentliche finanzen

ERBSE
- **BT1** leguminosen
  - **BT2** gemuese
- NT1 futtererbse

ERBTEILUNG
- **BT1** vererbung
  - **BT2** eigentumserwerb
- **rt** erbabfindung

erbvertrag+
- USE **vererbung**
- AND **vertrag**

ERDBEERE
- **BT1** beerenobst
  - **BT2** obst

ERDNUSS
- **BT1** oelsaaten
  - **BT2** feldfrucht

ERDNUSSOEL
- **BT1** pflanzenfett
  - **BT2** fett

erholung
- USE **freizeitbeschaeftigung**

ERKENNEN
- **BT1** entscheidungsfindung

ERNAEHRUNG
- **rt** eiweiss
- **rt** ernaehrungsgewohnheit
- **rt** ernaehrungspolitik
- **rt** gesundheit
- **rt** nahrungsbilanz

ERNAEHRUNGSGEWOHNHEIT
- **BT1** verbraucherverhalten
  - **BT2** wirtschaftssoziologie
- **rt** eigenverbrauch
- **rt** ernaehrung

ERNAEHRUNGSPOLITIK
- **rt** agrarpolitik
- **rt** ernaehrung
- **rt** hunger
- **rt** nahrungsbilanz
- **rt** nahrungsmittelhilfe
- **rt** nahrungsmittelproduktion
- **rt** politik

ERNTE
- **BT1** pflanzliche produktionstechnik

ERNTEMASCHINE
- **BT1** maschine
  - **BT2** maschinenausstattung
- NT1 vollerntemaschine

ERNTERUECKSTAND
- **BT1** landw abfall
  - **BT2** landw belastung
    - **BT3** umweltpolitik
- **rt** stroh

ERNTEVERSICHERUNG
- **BT1** landw versicherung
  - **BT2** versicherung
- **rt** landw katastrophe

ERSATZLEBENSMITTEL
- NT1 fleischersatz
- NT1 margarine
- NT1 milchersatz
- NT1 suesstoff
- **rt** substitution

ERSITZUNG
- **BT1** eigentumserwerb

ERSPARNIS
- **BT1** finanzierung

ERTRAG
- **rt** hochzuchtsorte
- **rt** produktivitaet

ERWACHSENENBILDUNG
- **BT1** bildung
- **rt** umschulung

ERWACHSENER
- **BT1** alter

ERWERBSTAETIGE
- **BT1** bevoelkerungsstruktur
  - **BT2** bevoelkerung
- NT1 landw erwerbstaetige
- **rt** landw arbeitskraft

ERWERBSTAETIGKEIT
- NT1 arbeitslosigkeit
  - NT2 saisonale arbeitslosigkeit
  - NT2 strukturelle arbeitslosigkeit
- NT1 ausserbetriebl erwerbstaetigkeit
- NT1 berufswechsel
- NT1 unterbeschaeftigung
- **rt** arbeit
- **rt** arbeitswirtschaft

ERZEUGERGEMEINSCHAFT
- **BT1** betriebszweiggemeinschaft

ERZEUGERMINDESTPREIS
- **BT1** agrarpreis
  - **BT2** preis

ERZEUGERPREIS
- **BT1** preis
- **rt** agrarpreis

ESSIGGURKE
- **BT1** gemuese

ESSKASTANIE
- **BT1** nuss

ETHNISCHE GRUPPE
- **BT1** gruppe
- **BT1** sozialanthropologie

EUROPA
- NT1 osteuropa
  - NT2 albanien
  - NT2 bjelorussische republik
  - NT2 bulgarien
  - NT2 deutsche demokratische republik
  - NT2 jugoslawien
  - NT2 polen
  - NT2 rumaenien
  - NT2 tschechoslowakei
  - NT2 udssr
  - NT2 ukraine
  - NT2 ungarn
- NT1 westeuropa
  - NT2 andorra
  - NT2 azoren
  - NT2 belgien
    - NT3 belgien (antwerpen)
    - NT3 belgien (brabant)
    - NT3 belgien (hainaut)
    - NT3 belgien (liege)
    - NT3 belgien (limburg)
    - NT3 belgien (namur)
    - NT3 belgien (oost-vlaanderen)
    - NT3 belgien (west-vlaanderen)
  - NT2 bundesrepublik deutschland
    - NT3 brd (baden-wuerttemberg)
    - NT3 brd (bayern)
    - NT3 brd (hessen)
    - NT3 brd (niedersachsen)
    - NT3 brd (nordrhein-westfalen)
    - NT3 brd (rheinland-pfalz)
    - NT3 brd (saarland)
    - NT3 brd (schleswig-holstein)
  - NT2 frankreich
    - NT3 frankreich (r. alsace)
    - NT3 frankreich (r. aquitaine)
    - NT3 frankreich (r. auvergne)
    - NT3 frankreich (r. basse normandie)
    - NT3 frankreich (r. bourgogne)
    - NT3 frankreich (r. bretagne)
    - NT3 frankreich (r. centre)
    - NT3 frankreich (r. champagne ardennes)
    - NT3 frankreich (r. corse)
    - NT3 frankreich (r. departements et terr
    - NT3 frankreich (r. franche comte)
    - NT3 frankreich (r. haute normandie)
    - NT3 frankreich (r. ile de france)
    - NT3 frankreich (r. languedoc roussillon
    - NT3 frankreich (r. limousin)
    - NT3 frankreich (r. lorraine)
    - NT3 frankreich (r. midi pyrenees)
    - NT3 frankreich (r. nord pas de calais)
    - NT3 frankreich (r. pays de la loire)
    - NT3 frankreich (r. picardie)
    - NT3 frankreich (r. poitou charentes)
    - NT3 frankreich (r. provence alpes cote
    - NT3 frankreich (r. rhone alpes)
  - NT2 gibraltar
  - NT2 griechenland
  - NT2 irland
    - NT3 irland (connacht)
    - NT3 irland (leinster)
    - NT3 irland (munster)
  - NT2 italien
    - NT3 italien (abruzzi)
    - NT3 italien (basilicata)

EUROPA (C)
NT3 italien (calabria)
NT3 italien (campania)
NT3 italien (emilia-romagna)
NT3 italien (friuli-venezia giulia)
NT3 italien (lazio)
NT3 italien (liguria)
NT3 italien (lombardia)
NT3 italien (marche)
NT3 italien (molise)
NT3 italien (piemonte)
NT3 italien (puglia)
NT3 italien (sardegna)
NT3 italien (sicilia)
NT3 italien (toscana)
NT3 italien (trentino-alto adige)
NT3 italien (umbria)
NT3 italien (valle d'aosta)
NT3 italien (veneto)
NT2 kanarische inseln
NT2 liechtenstein
NT2 luxemburg
NT2 madeira
NT2 malta
NT2 monaco
NT2 niederlande
NT3 niederlande (drenthe)
NT3 niederlande (friesland)
NT3 niederlande (gelderland)
NT3 niederlande (groningen)
NT3 niederlande (noord-brabant)
NT3 niederlande (noord-holland)
NT3 niederlande (overijssel)
NT3 niederlande (utrecht)
NT3 niederlande (zeeland)
NT3 niederlande (zuid-holland)
NT3 niederlande (zuid-limburg)
NT2 oesterreich
NT2 portugal
NT2 san marino
NT2 schweiz
NT2 skandinavien
NT3 daenemark
NT4 daenemark (bornholm)
NT4 daenemark (fyn)
NT4 daenemark (jylland)
NT4 daenemark (lolland-falster)
NT4 daenemark (sjaelland)
NT3 faroeer inseln
NT3 finnland
NT3 groenland
NT3 island
NT3 norwegen
NT3 schweden
NT2 spanien
NT2 tuerkei
NT2 vatikan
NT2 vereinigtes koenigreich
NT3 gb (channel islands)
NT3 gb (england and wales)
NT4 gb (e.england)
NT4 gb (e.midlands)
NT4 gb (n.england)
NT4 gb (s.w.england)
NT4 gb (w.midlands)
NT4 gb (wales)
NT4 gb (york/lancs)
NT3 gb (isle of man)
NT3 gb (n.ireland)
NT3 gb (scotland)
NT4 gb (e.scotland)
NT4 gb (highlands and islands)
NT4 gb (n.scotland)
NT4 gb (w.scotland)
NT2 zypern
rt europaeische gemeinschaften

EUROPAEISCHE GEMEINSCHAFTEN
uf *ewg*
BT1 organisationen
rt belgien
rt bundesrepublik deutschland
rt daenemark
rt eg-agrarpolitik
rt europa
rt frankreich
rt irland
rt italien

EUROPAEISCHE GEMEINSCHAFTEN (C)
rt luxemburg
rt niederlande
rt vereinigtes koenigreich

EUROPAEISCHES PARLAMENT
BT1 organisationen
rt parlament

evaluierung
USE **auswertung**

EVAPORIERTE MILCH
sf *kondensmilch*
BT1 milchprodukt

ewg
USE **europaeische gemeinschaften**

EWG-VERTRAG
BT1 eg-recht
BT2 rechtsquelle
NT1 eg-verordnung
rt eg-rechtsentscheid

EXISTENZMINIMUM
BT1 lebensstandard
BT2 lebensverhaeltnisse

EXTENSIVE LANDWIRTSCHAFT
BT1 betriebssystem

EXTENSIVE VIEHHALTUNG
(einschl ranching)
BT1 aufzucht
BT2 tierische produktionstechnik

EXTENSIVMAST
BT1 mast
BT2 fuetterung
BT3 tierische produktionstechnik

FACHARBEITSKRAFT
BT1 fremdarbeitskraft
BT2 landw arbeitskraft

FACHHOCHSCHULBILDUNG
BT1 bildung

FAERSE
BT1 rindvieh

FAKTORANALYSE
BT1 statistische inferenz
BT2 analytische statistik
BT3 statistik
rt hauptkomponentenanalyse

FALKLANDINSELN
(und zugehoerige gebiete)
BT1 suedamerika
BT2 amerika
rt vereinigtes koenigreich

FALLSTUDIE
BT1 lehrmethode

FAMILIE
NT1 ehe
NT2 ehescheidung
NT2 heiratsalter
NT1 familie und umwelt
NT1 familiengroesse
NT2 eltern
NT3 mutter
NT3 vater
NT2 grosseltern
NT2 jugend
NT3 landjugend
NT2 kinder
NT3 sohn
NT3 tochter
NT2 verwandtschaft
NT1 landw familie
NT1 sexualverhalten
rt haushaltung
rt kleingruppe

FAMILIE UND UMWELT
BT1 familie

FAMILIENARBEITSKRAFT
BT1 landw arbeitskraft

FAMILIENBETRIEB
BT1 betriebstyp
BT2 betriebssystem
rt mittelbetrieb

FAMILIENGROESSE
BT1 familie
NT1 eltern
NT2 mutter
NT2 vater
NT1 grosseltern
NT1 jugend
NT2 landjugend
NT1 kinder
NT2 sohn
NT2 tochter
NT1 verwandtschaft
rt familienstruktur

FAMILIENHAUPT
BT1 familienstruktur

FAMILIENLEBEN
NT1 desorganisation der familie
NT1 generationenkonflikt
NT2 eltern-kind-beziehung
NT1 integration in die familie
NT1 stellung der frau

FAMILIENPLANUNG
BT1 bevoelkerungsentwicklung
rt sexualverhalten

FAMILIENSTRUKTUR
NT1 familienhaupt
NT1 grossfamilie
NT2 mehrgenerationen-familie
NT1 kernfamilie
NT2 ein-generation-familie
NT2 zwei-generationen-familie
NT1 matriarchat
NT1 partnerschaft
NT1 patriarchat
rt familiengroesse
rt struktur

FAO
(food and agriculture organisation)
BT1 organisationen

FARBSTOFF
BT1 zusatzstoff

FAROEER INSELN
BT1 skandinavien
BT2 westeuropa
BT3 europa
rt daenemark

FASAN
BT1 wildgefluegel
BT2 gefluegel

FASERFLACHS
BT1 faserpflanze
BT2 feldfrucht

FASERPFLANZE
BT1 feldfrucht
NT1 baumwolle
NT1 faserflachs
NT1 hanf
NT1 kapok
NT1 sisal
rt industriepflanze

FAUNA
BT1 wildarten

FEIGE
BT1 obst

FELDFRUCHT
NT1 arzneipflanze
NT1 baum und strauch
NT1 duftstoffpflanze
NT1 faserpflanze
NT2 baumwolle
NT2 faserflachs
NT2 hanf
NT2 kapok
NT2 sisal
NT1 futterpflanze
NT2 klee
NT2 luzerne
NT1 getreide
NT2 brotgetreide
NT2 buchweizen
NT2 futtergetreide
NT3 getreide ausser weizen
NT2 gerste
NT3 braugerste
NT3 futtergerste
NT2 hafer
NT2 hirse
NT2 mais
NT3 koernermais
NT3 silomais
NT2 reis
NT2 roggen
NT2 sorghum
NT2 triticale
NT2 weizen
NT3 hartweizen
NT3 weichweizen
NT1 gewuerzpflanze
NT1 gras
NT1 hackfrucht
NT2 futterruebe
NT2 kartoffel
NT3 futterkartoffel
NT3 industriekartoffel
NT3 speisekartoffel
NT2 maniok
NT2 weisse ruebe
NT2 yams
NT2 zuckerruebe
NT1 hopfen
NT1 oelsaaten
NT2 erdnuss
NT2 leinsamen
NT2 raps
NT2 rizinus
NT2 senf
NT2 sesam
NT2 sojabohne
NT1 zierpflanze
NT2 blume
NT3 blumenzwiebel
NT1 zuckerrohr
NT1 zwischenfrucht
rt ackerbau
rt bodennutzungsform

FELDGRASBAU
BT1 gruenland
BT2 boden

FERKEL
BT1 schwein

FERNERKUNDUNG
(im sinne von fr. "teledetection" und eng. "remote sensing")
NT1 fernerkundung durch satelliten

FERNERKUNDUNG DURCH SATELLITEN
BT1 fernerkundung
rt luftbeobachtung

FERNSEHEN
BT1 massenmedien

fernverarbeitung
USE **datenverarbeitung**

FESTKOSTEN
uf *fixe kosten*
BT1 produktionskosten
BT2 kosten

FESTKOSTEN (C)
BT3 kostenanalyse

FETT
NT1 fetterzeugnis
NT1 pflanzenfett
NT2 baumwolloel
NT2 erdnussoel
NT2 kokosnussoel
NT2 maisoel
NT2 olivenoel
NT2 palmoel
NT2 sojaoel
NT2 sonnenblumenoel
NT1 tierisches fett
rt oel- und fettindustrie

FETTERZEUGNIS
BT1 fett
rt margarine

FEUCHTZONE
BT1 klimazone

FEUDALISMUS
BT1 politisches system

FEUER
BT1 landw katastrophe
NT1 waldbrand

FEUERVERSICHERUNG
BT1 landw versicherung
BT2 versicherung

FIDSCHI
BT1 ozeanien
rt commonwealth

FILM
BT1 massenmedien
rt audiovisuelle mittel

FINANZIERUNG
NT1 eigenfinanzierung
NT1 ersparnis
NT1 fremdfinanzierung
NT1 kapitalertrag

FINANZIERUNGSINSTITUTION
BT1 wirtschaftseinheit
rt bank

FINANZIERUNGSPLANUNG
BT1 betriebsplanung
NT1 budgetkalkulation

FINANZMATHEMATIK
BT1 mathematik
NT1 versicherungsmathematik

FINANZUMLAUFVERMOEGEN
BT1 umlaufvermoegen
BT2 aktiva
BT3 bilanz
BT4 bilanzanalyse

FINNLAND
BT1 skandinavien
BT2 westeuropa
BT3 europa
rt efta

FISCH
rt fischerzeugnis
rt fischhaltung

FISCHEREI
rt betriebszweig
rt fischhaltung
rt freizeitbeschaeftigung

FISCHERZEUGNIS
rt fisch
rt nahrungsmittel
rt verzehrsfertiges lebensmittel

FISCHHALTUNG
BT1 tierproduktion
BT2 betriebszweig
rt fisch
rt fischerei

FISCHWIRTSCHAFT
BT1 lebensmittelindustrie

fixe kosten
USE **festkosten**

flachs
USE **leinsamen**

FLAECHENBEIHILFE
BT1 beihilfe
BT2 agrarfinanzpolitik
rt agrarstrukturpolitik
rt stuetzungspolitik

FLAECHENPRODUKTIVITAET
BT1 produktivitaet
BT2 lage der landwirtschaft
BT2 wirtschaftlichkeitsanalyse

FLAECHENSTILLEGUNG
BT1 produktionspolitik
rt agrarpolitik
rt bodenfonds

FLEISCH
NT1 gefluegelfleisch
NT1 innereien
NT1 kalbfleisch
NT1 lammfleisch
NT1 pferdefleisch
NT1 rindfleisch
NT1 schaffleisch
NT1 schweinefleisch
rt fleischerzeugnis
rt fleischwirtschaft
rt nahrungsmittel

FLEISCHERSATZ
BT1 ersatzlebensmittel

FLEISCHERZEUGNIS
NT1 durchwachsener speck
NT1 schinken
NT1 trockenfleisch
NT1 wurstware
rt fleisch
rt nahrungsmittel
rt verzehrsfertiges lebensmittel

FLEISCHRIND
BT1 rindvieh

FLEISCHWIRTSCHAFT
BT1 lebensmittelindustrie
NT1 schlachthof
rt fleisch

FLEXIBILITAET
BT1 entscheidungsanalyse
BT2 parametrisches verfahren
BT3 oekonometrie

FLORA
BT1 wildarten

FLURBEREINIGUNG
uf *freiwillige zusammenlegung*
BT1 agrarstrukturpolitik
BT2 agrarpolitik
rt eigentum
rt grundstuecksverkehr
rt parzellengroesse

FOEDERALISMUS
BT1 politisches system

FOEDERATION DER ARABISCHEN EMIRATE
BT1 staaten des persischen golfs
BT2 asien

FOERDERN
NT1 losetransport
rt lagerung
rt transport

FOERDERUNGSSCHWELLE
BT1 betriebsentwicklung
 BT2 investitionsfoerderung
  BT3 investitionspolitik

FOHLEN
BT1 pferd

FORSCHER
BT1 forschungspersonal
 BT2 forschungsorganisation
NT1 agraroekonom
NT1 landsoziologe

FORSCHUNG
uf forschung und entwicklung
NT1 angewandte forschung
NT1 grundlagenforschung
NT1 landw forschung
NT1 private forschung
NT1 staatliche forschung
NT1 universitaere forschung

forschung und entwicklung
USE **forschung**

FORSCHUNGSANSTALT
BT1 forschungsinstitution
 BT2 forschungsorganisation

FORSCHUNGSANWENDUNG
BT1 forschungspolitik

FORSCHUNGSAUSWERTUNG
BT1 forschungspolitik

FORSCHUNGSFINANZIERUNG
BT1 forschungspolitik
rt forschungsvertrag

FORSCHUNGSGESELLSCHAFT
BT1 forschungsinstitution
 BT2 forschungsorganisation

FORSCHUNGSINSTITUT
BT1 forschungsinstitution
 BT2 forschungsorganisation

FORSCHUNGSINSTITUTION
BT1 forschungsorganisation
NT1 forschungsanstalt
NT1 forschungsgesellschaft
NT1 forschungsinstitut
NT1 versuchsbetrieb
NT1 versuchsstation
rt laendliche sozialforschung

FORSCHUNGSORGANISATION
NT1 forschungsinstitution
 NT2 forschungsanstalt
 NT2 forschungsgesellschaft
 NT2 forschungsinstitut
 NT2 versuchsbetrieb
 NT2 versuchsstation
NT1 forschungspersonal
 NT2 forscher
  NT3 agraroekonom
  NT3 landsoziologe
 NT2 forschungsteam

FORSCHUNGSPERSONAL
BT1 forschungsorganisation
NT1 forscher
 NT2 agraroekonom
 NT2 landsoziologe
NT1 forschungsteam

FORSCHUNGSPLANUNG
BT1 forschungspolitik
NT1 forschungsprojekt

FORSCHUNGSPOLITIK
NT1 forschungsanwendung

FORSCHUNGSPOLITIK (C)
NT1 forschungsauswertung
NT1 forschungsfinanzierung
NT1 forschungsplanung
 NT2 forschungsprojekt
NT1 forschungsvertrag
NT1 verbreitung forschungsergebnisse
rt politik

FORSCHUNGSPROJEKT
BT1 forschungsplanung
 BT2 forschungspolitik

FORSCHUNGSTEAM
BT1 forschungspersonal
 BT2 forschungsorganisation

FORSCHUNGSVERTRAG
BT1 forschungspolitik
rt forschungsfinanzierung

FORSTFLAECHE
BT1 boden
rt forstpolitik
rt forstprodukt
rt forstwirtschaft
rt kommunalwald
rt privatwald
rt staatswald
rt waldbau
rt waldgemeinschaft

FORSTGESETZ
BT1 gesetzgebung
 BT2 rechtsquelle

FORSTPOLITIK
rt agrarpolitik
rt bodenordnung
rt forstflaeche
rt politik
rt umweltpolitik

FORSTPRODUKT
BT1 rohstoff
 BT2 produkt
rt forstflaeche
rt papierindustrie
rt waldbau

FORSTWIRTSCHAFT
BT1 bodenordnung
NT1 aufforstung
rt forstflaeche

FORTSCHRITT
BT1 sozialer wandel
NT1 industrialisierung
NT1 innovation
NT1 technischer fortschritt
 NT2 angemessene technologie
 NT2 technologietransfer

FRANKREICH
BT1 mittelmeerlaender
BT1 westeuropa
 BT2 europa
NT1 frankreich (r. alsace)
NT1 frankreich (r. aquitaine)
NT1 frankreich (r. auvergne)
NT1 frankreich (r. basse normandie)
NT1 frankreich (r. bourgogne)
NT1 frankreich (r. bretagne)
NT1 frankreich (r. centre)
NT1 frankreich (r. champagne ardennes)
NT1 frankreich (r. corse)
NT1 frankreich (r. departements et terr
NT1 frankreich (r. franche comte)
NT1 frankreich (r. haute normandie)
NT1 frankreich (r. ile de france)
NT1 frankreich (r. languedoc roussillon
NT1 frankreich (r. limousin)
NT1 frankreich (r. lorraine)
NT1 frankreich (r. midi pyrenees)
NT1 frankreich (r. nord pas de calais)
NT1 frankreich (r. pays de la loire)
NT1 frankreich (r. picardie)
NT1 frankreich (r. poitou charentes)

FRANKREICH (C)
NT1 frankreich (r. provence alpes cote
NT1 frankreich (r. rhone alpes)
rt afar-issa-territorium
rt andorra
rt antarktis
rt europaeische gemeinschaften
rt franzoesisch-guayana
rt guadeloupe
rt komoren
rt martinique
rt pazifische inseln fr
rt reunion
rt st pierre und miquelon

FRANKREICH (R. ALSACE)
BT1 frankreich
 BT2 mittelmeerlaender
 BT2 westeuropa
  BT3 europa

FRANKREICH (R. AQUITAINE)
BT1 frankreich
 BT2 mittelmeerlaender
 BT2 westeuropa
  BT3 europa

FRANKREICH (R. AUVERGNE)
BT1 frankreich
 BT2 mittelmeerlaender
 BT2 westeuropa
  BT3 europa

FRANKREICH (R. BASSE NORMANDIE)
BT1 frankreich
 BT2 mittelmeerlaender
 BT2 westeuropa
  BT3 europa

FRANKREICH (R. BOURGOGNE)
BT1 frankreich
 BT2 mittelmeerlaender
 BT2 westeuropa
  BT3 europa

FRANKREICH (R. BRETAGNE)
BT1 frankreich
 BT2 mittelmeerlaender
 BT2 westeuropa
  BT3 europa

FRANKREICH (R. CENTRE)
BT1 frankreich
 BT2 mittelmeerlaender
 BT2 westeuropa
  BT3 europa

FRANKREICH (R. CHAMPAGNE ARDENNES)
BT1 frankreich
 BT2 mittelmeerlaender
 BT2 westeuropa
  BT3 europa

FRANKREICH (R. CORSE)
BT1 frankreich
 BT2 mittelmeerlaender
 BT2 westeuropa
  BT3 europa

FRANKREICH (R. DEPARTEMENTS ET TERR
(departements et territoires d'outre mer)
BT1 frankreich
 BT2 mittelmeerlaender
 BT2 westeuropa
  BT3 europa

FRANKREICH (R. FRANCHE COMTE)
BT1 frankreich
 BT2 mittelmeerlaender
 BT2 westeuropa
  BT3 europa

FRANKREICH (R. HAUTE NORMANDIE)
BT1 frankreich
 BT2 mittelmeerlaender
 BT2 westeuropa
  BT3 europa

FRANKREICH (R. ILE DE FRANCE)
BT1 frankreich
BT2 mittelmeerlaender
BT2 westeuropa
BT3 europa

FRANKREICH (R. LANGUEDOC ROUSSILLON
BT1 frankreich
BT2 mittelmeerlaender
BT2 westeuropa
BT3 europa

FRANKREICH (R. LIMOUSIN)
BT1 frankreich
BT2 mittelmeerlaender
BT2 westeuropa
BT3 europa

FRANKREICH (R. LORRAINE)
BT1 frankreich
BT2 mittelmeerlaender
BT2 westeuropa
BT3 europa

FRANKREICH (R. MIDI PYRENEES)
BT1 frankreich
BT2 mittelmeerlaender
BT2 westeuropa
BT3 europa

FRANKREICH (R. NORD PAS DE CALAIS)
BT1 frankreich
BT2 mittelmeerlaender
BT2 westeuropa
BT3 europa

FRANKREICH (R. PAYS DE LA LOIRE)
BT1 frankreich
BT2 mittelmeerlaender
BT2 westeuropa
BT3 europa

FRANKREICH (R. PICARDIE)
BT1 frankreich
BT2 mittelmeerlaender
BT2 westeuropa
BT3 europa

FRANKREICH (R. POITOU CHARENTES)
BT1 frankreich
BT2 mittelmeerlaender
BT2 westeuropa
BT3 europa

FRANKREICH (R. PROVENCE ALPES COTE
(provence alpes cote d'azur
BT1 frankreich
BT2 mittelmeerlaender
BT2 westeuropa
BT3 europa

FRANKREICH (R. RHONE ALPES)
BT1 frankreich
BT2 mittelmeerlaender
BT2 westeuropa
BT3 europa

FRANZOESISCH-GUAYANA
uf guayana (franzoesisch)
BT1 suedamerika
BT2 amerika
rt frankreich

FRANZOESISCH-POLYNESIEN
BT1 pazifische inseln fr
BT2 ozeanien

franzoesisch-somaliland
USE **afar-issa-territorium**

FRANZOESISCHSPRACHIGES AFRIKA
rt afar-issa-territorium
rt afrika
rt algerien
rt benin
rt burundi
rt elfenbeinkueste
rt englischsprachiges afrika

FRANZOESISCHSPRACHIGES AFRIKA (C)
rt gabun
rt guinea
rt kamerun
rt komoren
rt kongo
rt madagaskar
rt mali
rt marokko
rt mauretanien
rt niger
rt obervolta
rt reunion
rt ruanda
rt senegal
rt togo
rt tschad
rt tunesien
rt zaire
rt zentralafrikanisches reich

FRAU
NT1 landfrau
rt frauenarbeitskraft
rt stellung der frau

FRAUENARBEITSKRAFT
uf weibliche arbeitskraft
BT1 fremdarbeitskraft
BT2 landw arbeitskraft
rt frau

freie wirtschaft
USE **marktwirtschaft**

FREIRAUM
BT1 raumplanung
BT2 planung
rt landschaft
rt nationalpark

freiwillige zusammenlegung
USE **flurbereinigung**

FREIZEIT
BT1 arbeitsstudie
BT2 arbeitswirtschaft

FREIZEITBESCHAEFTIGUNG
uf erholung
uf musse
NT1 sport
NT1 unterhaltung
rt arbeitswirtschaft
rt bildung
rt fischerei
rt jagd
rt massenmedien

FREMDARBEITSKRAFT
BT1 landw arbeitskraft
NT1 facharbeitskraft
NT1 frauenarbeitskraft
NT1 nichtstaendige arbeitskraft
NT1 saisonarbeitskraft
NT1 staendige arbeitskraft
NT1 ungelernte arbeitskraft
NT1 wanderarbeiter
rt landarbeiter

FREMDENVERKEHR
NT1 urlaub auf dem bauernhof
rt nebenbetrieb

FREMDFINANZIERUNG
BT1 finanzierung
rt anleihe
rt kredit
rt verschuldung

FREMDKAPITAL
BT1 passiva
BT2 bilanz
BT3 bilanzanalyse
rt anleihe

FRISCHGEMUESE
BT1 gemuese

FRISCHOBST
BT1 obst

FROST
BT1 klimafaktor

FRUCHTFOLGE
BT1 pflanzliche produktionstechnik
rt zwischenfrucht

FRUCHTSAFT
BT1 obsterzeugnis
rt alkoholfreies getraenk

FUEHRUNG
BT1 macht
BT2 sozialsystem

FUETTERUNG
BT1 tierische produktionstechnik
NT1 futterbedarf
NT1 futterration
NT1 futterverwertung
NT1 mast
NT2 extensivmast
NT2 intensivmast
NT2 stallmast
rt futtermittel

FUNGIZID
BT1 pestizid

FUTTERBAU
BT1 pflanzenproduktion
BT2 betriebszweig
rt futtergetreide
rt futterpflanze

FUTTERBEDARF
BT1 fuetterung
BT2 tierische produktionstechnik

FUTTERERBSE
BT1 erbse
BT2 leguminosen
BT3 gemuese
rt futterpflanze

FUTTERGERSTE
BT1 gerste
BT2 getreide
BT3 feldfrucht

FUTTERGETREIDE
BT1 getreide
BT2 feldfrucht
NT1 getreide ausser weizen
rt futterbau
rt futterpflanze

FUTTERKARTOFFEL
BT1 kartoffel
BT2 hackfrucht
BT3 feldfrucht
rt futterpflanze

FUTTERMITTEL
NT1 gewerbliche futtermittel
NT2 eiweissfuttermittel
NT2 mischfuttermittel
NT2 oelkuchen
NT1 wirtschaftsfutter
NT2 gruenfutter
NT2 heu
NT2 rauhfutter
NT2 silage
NT2 stroh
NT2 trockenfutter
rt fuetterung
rt futterpflanze
rt produktionsmittel
rt zusatzstoff

FUTTERMITTELINDUSTRIE
BT1 inputindustrie

FUTTERPFLANZE
BT1 feldfrucht

FUTTERPFLANZE (C)
NT1 klee
NT1 luzerne
rt futterbau
rt futtererbse
rt futtergetreide
rt futterkartoffel
rt futtermittel
rt futterruebe

FUTTERRATION
BT1 fuetterung
BT2 tierische produktionstechnik

FUTTERRUEBE
BT1 hackfrucht
BT2 feldfrucht
rt futterpflanze

FUTTERVERWERTUNG
BT1 fuetterung
BT2 tierische produktionstechnik

GABUN
BT1 zentralafrika
BT2 afrika suedlich der sahara
BT3 afrika
rt franzoesischsprachiges afrika

GAEC
(nur in frankreich: groupement agricole d'exploitation en commun)
BT1 betriebszweiggemeinschaft

gaerungstee
USE **tee**

GAMBIA
BT1 westafrika
BT2 afrika suedlich der sahara
BT3 afrika
rt commonwealth
rt englischsprachiges afrika

GANS
BT1 gefluegel

GANZZAHLIGE PROGRAMMIERUNG
uf *gemischt ganzzahlige programmierung*
BT1 programmierung
rt optimierungsverfahren

GARTENBAU
BT1 pflanzenproduktion
BT2 betriebszweig
NT1 baumschule
NT1 gemuesebau
NT1 obstbau
NT1 zierpflanzenbau

GARTENBOHNE
BT1 leguminosen
BT2 gemuese
NT1 gruene bohne
NT1 limabohne
NT1 pferdebohne
NT1 puffbohne
NT1 schminkbohne
NT1 weisse bohne

GATT
(general agreement on tariffs and trade)
BT1 wirtschaftsverhandlungen
BT2 handelspolitik

gb
USE **vereinigtes koenigreich**

GB (CHANNEL ISLANDS)
uf *britische kanalinseln*
BT1 vereinigtes koenigreich
BT2 westeuropa
BT3 europa

GB (E.ENGLAND)
BT1 gb (england and wales)
BT2 vereinigtes koenigreich
BT3 westeuropa

GB (E.ENGLAND) (C)
BT4 europa

GB (E.MIDLANDS)
BT1 gb (england and wales)
BT2 vereinigtes koenigreich
BT3 westeuropa
BT4 europa

GB (E.SCOTLAND)
BT1 gb (scotland)
BT2 vereinigtes koenigreich
BT3 westeuropa
BT4 europa

GB (ENGLAND AND WALES)
uf *england u. wales*
BT1 vereinigtes koenigreich
BT2 westeuropa
BT3 europa
NT1 gb (e.england)
NT1 gb (e.midlands)
NT1 gb (n.england)
NT1 gb (s.w.england)
NT1 gb (w.midlands)
NT1 gb (wales)
NT1 gb (york/lancs)

GB (HIGHLANDS AND ISLANDS)
BT1 gb (scotland)
BT2 vereinigtes koenigreich
BT3 westeuropa
BT4 europa

GB (ISLE OF MAN)
uf *insel man*
BT1 vereinigtes koenigreich
BT2 westeuropa
BT3 europa

GB (N.ENGLAND)
BT1 gb (england and wales)
BT2 vereinigtes koenigreich
BT3 westeuropa
BT4 europa

GB (N.IRELAND)
uf *nordirland*
uf *ulster*
BT1 vereinigtes koenigreich
BT2 westeuropa
BT3 europa

GB (N.SCOTLAND)
BT1 gb (scotland)
BT2 vereinigtes koenigreich
BT3 westeuropa
BT4 europa

GB (S.W.ENGLAND)
BT1 gb (england and wales)
BT2 vereinigtes koenigreich
BT3 westeuropa
BT4 europa

GB (SCOTLAND)
BT1 vereinigtes koenigreich
BT2 westeuropa
BT3 europa
NT1 gb (e.scotland)
NT1 gb (highlands and islands)
NT1 gb (n.scotland)
NT1 gb (w.scotland)

GB (W.MIDLANDS)
BT1 gb (england and wales)
BT2 vereinigtes koenigreich
BT3 westeuropa
BT4 europa

GB (W.SCOTLAND)
BT1 gb (scotland)
BT2 vereinigtes koenigreich
BT3 westeuropa
BT4 europa

GB (WALES)
BT1 gb (england and wales)

GB (WALES) (C)
BT2 vereinigtes koenigreich
BT3 westeuropa
BT4 europa

GB (YORK/LANCS)
BT1 gb (england and wales)
BT2 vereinigtes koenigreich
BT3 westeuropa
BT4 europa

GEBURTENHILFE
BT1 soziale sicherung
rt versicherung

GEBURTENRATE
BT1 bevoelkerungsentwicklung
rt sexualverhalten

GEFLUEGEL
NT1 ente
NT1 gans
NT1 huehnchen
NT2 junghahn
NT2 kueken
NT2 legehenne
NT1 pute
NT1 wildgefluegel
NT2 fasan
NT2 rebhuhn
NT2 taube
rt gefluegelhaltung
rt vieh

GEFLUEGELFLEISCH
BT1 fleisch

GEFLUEGELHALTUNG
BT1 tierproduktion
BT2 betriebszweig
rt gefluegel

GEFRIEREN
BT1 konservierung

GEFRIERGETROCKNETE LEBENSMITTEL
BT1 trockenlebensmittel
BT2 verzehrsfertiges lebensmittel

gefriergetrockneter kaffee
USE **instantkaffee**

GEISS
BT1 ziege

GELDERTRAG
sf *leistung*
BT1 kostenanalyse

GELDLOHN
BT1 entlohnung
BT2 arbeitswirtschaft

GELDWIRTSCHAFT
NT1 deflation
NT1 inflation

GEMAESSIGTE ZONE
BT1 klimazone

GEMEINDE
BT1 kommunale verwaltung
BT2 verwaltung
rt dorf

GEMEINDEENTWICKLUNG
BT1 laendliche entwicklung
BT2 laendliche umwelt
BT3 umwelt
NT1 animation en milieu rural

GEMEINDELAND
uf *gemeindeweide*
BT1 oeffentlicher landbesitz
BT2 bodenordnung

gemeindeweide
USE **gemeindeland**

GEMEINSAMER MARKT
(nicht nur ewg)
BT1 wirtschaftsgemeinschaft

GEMEINSCHAFTLICHE PRODUKTION
BT1 genossenschaftliche taetigkeit
rt betriebszweiggemeinschaft
rt kollektiv

gemeinschaftsaufgabe
USE **agrarstrukturpolitik**

GEMEINSCHAFTSEIGENTUM
BT1 eigentum
rt kooperation

gemischt ganzzahlige programmierung
USE **ganzzahlige programmierung**

GEMISCHTE WIRTSCHAFT
BT1 wirtschaftsystem
NT1 soziale marktwirtschaft

GEMUESE
NT1 artischocke
NT1 aubergine
NT1 batate
NT1 blumenkohl
NT1 broccoli
NT1 chicoree
NT1 endivie
NT1 essiggurke
NT1 frischgemuese
NT1 gruener salat
NT1 gurke
NT1 kichererbse
NT1 knoblauch
NT1 kohl
NT2 gruenkohl
NT2 rotkohl
NT2 weisskohl
NT2 wirsingkohl
NT1 kohlrabi
NT1 kresse
NT1 kuerbis
NT1 leguminosen
NT2 erbse
NT3 futtererbse
NT2 gartenbohne
NT3 gruene bohne
NT3 limabohne
NT3 pferdebohne
NT3 puffbohne
NT3 schminkbohne
NT3 weisse bohne
NT2 linse
NT1 markkuerbis
NT1 moehre
NT1 okra
NT1 paprikaschote
NT1 pastinake
NT1 porree
NT1 radieschen
NT1 rosenkohl
NT1 rote ruebe
NT1 schalotte
NT1 sellerie
NT1 sellerieknolle
NT1 spargel
NT1 speisepilz
NT1 spinat
NT1 steckruebe
NT1 tomate
NT1 turbankuerbis
NT1 zuckermais
NT1 zwiebel
rt gemuesebau
rt gemueseerzeugnis

GEMUESEBAU
BT1 gartenbau
BT2 pflanzenproduktion
BT3 betriebszweig
rt gemuese

GEMUESEERZEUGNIS
NT1 kartoffelerzeugnis
NT1 sojaerzeugnis

GEMUESEERZEUGNIS (C)
rt gemuese
rt nahrungsmittel
rt verzehrsfertiges lebensmittel

GENEHMIGUNG
NT1 baugenehmigung
rt verordnung

GENERATION
BT1 alter

GENERATIONENKONFLIKT
BT1 familienleben
NT1 eltern-kind-beziehung
rt konflikt

GENOSSENSCHAFT
NT1 gesellschaft auf gegenseitigkeit
NT1 konsumgenossenschaft
NT1 mehrzweckgenossenschaft
NT1 molkereigenossenschaft
NT1 produktionsgenossenschaft
NT1 winzergenossenschaft
rt genossenschaftliche taetigkeit
rt kooperation
rt privatunternehmen

GENOSSENSCHAFTLICHE TAETIGKEIT
NT1 gemeinschaftliche produktion
NT1 handelsgenossenschaft
NT2 absatzgenossenschaft
NT2 einkaufsgenossenschaft
NT1 verhandlungsgenossenschaft
NT1 verwertungsgenossenschaft
rt genossenschaft

GENOSSENSCHAFTLICHER PFLANZENSCHUTZ
BT1 dienstleistungskooperation

GENOSSENSCHAFTSBANK
BT1 bank
BT1 dienstleistungskooperation
NT1 kreditgenossenschaft

GEOGRAPHIE
NT1 landschaft
NT1 topographie
rt agrargeographie
rt karten
rt sozialgeographie
rt wirtschaftsgeographie

GEOGRAPHISCHE MOBILITAET
BT1 wanderung
NT1 land-stadt-wanderung
NT1 pendelwanderung
NT1 saisonale wanderung
NT1 stadt-land-wanderung
rt horizontale mobilitaet

GERAETE
BT1 maschinenausstattung

GERSTE
BT1 getreide
BT2 feldfrucht
NT1 braugerste
NT1 futtergerste

GESAMTDATEN
NT1 bruttosozialprodukt
NT1 endproduktion
NT1 endverbrauch
NT1 haushaltungsverbrauch
NT1 landw gesamtausgaben
NT1 verbraucherausgaben
NT2 haushaltungsausgaben
NT1 volkswirtsch kosten
NT1 vorleistungen
NT1 wertschoepfung
rt wirtschaftsrechnung

GESAMTKOSTEN
BT1 produktionskosten
BT2 kosten
BT3 kostenanalyse

GESAMTRECHNUNG
NT1 regionale gesamtrechnung
NT1 volkswirtsch gesamtrechnung
rt rechnungswesen

GESCHICHTE
rt dokumentation

GESCHLOSSENE VERERBUNG
BT1 vererbung
BT2 eigentumserwerb
rt erbabfindung
rt unveraeusserliches land

geschmackstest+
USE **qualitaet**
AND **verbraucherverhalten**

GESELLSCHAFT
NT1 agrargesellschaft
NT2 bauerntum
NT1 industriegesellschaft
NT1 laendliche gesellschaft
NT1 massengesellschaft
NT1 pluralistische gesellschaft
NT1 staedtische gesellschaft
NT1 wanderweide
NT2 nomade

GESELLSCHAFT AUF GEGENSEITIGKEIT
BT1 genossenschaft
rt handelsgesellschaft

GESELLSCHAFTSRECHT
rt handelsgesellschaft
rt handelsrecht
rt rechtsform

GESETZ
uf *bodenrecht+*
uf *erbrecht+*
uf *pachtrecht+*
uf *planungsrecht+*
uf *steuerrecht+*
uf *zollrecht+*
sf *recht*
BT1 gesetzgebung
BT2 rechtsquelle
NT1 laendergesetz

GESETZAUSLEGUNG
BT1 rechtsfindung

GESETZGEBUNG
sf *recht*
BT1 rechtsquelle
NT1 buergerliches recht
NT1 forstgesetz
NT1 gesetz
NT2 laendergesetz
NT1 landwirtschaftsgesetz
NT1 verordnung
NT2 verfuegung
rt rechtsform
rt sozialpolitik

GESUNDHEIT
BT1 bevoelkerungsentwicklung
rt ernaehrung

GESUNDHEITSRECHT
NT1 lebensmitteluerberwachung
rt pflanzenkrankheit
rt tierkrankheit

GETRAENK
uf *kakaotrunk+*
uf *schokoladengetraenk+*
NT1 alkoholfreies getraenk
NT2 kaffee
NT2 matetee
NT2 tee
NT1 alkoholhaltiges getraenk
NT2 apfelwein
NT2 bier
NT2 branntwein
NT2 likoer
NT2 wein

GETRAENK (C)
NT3 qualitaetswein
NT3 sekt
NT3 tafelwein
rt nahrungsmittel

GETRAENKEINDUSTRIE
BT1 lebensmittelindustrie
NT1 branntweinwirtschaft
NT1 brauwirtschaft
NT1 kaffeewirtschaft
NT1 teewirtschaft
NT1 weinwirtschaft

GETREIDE
BT1 feldfrucht
NT1 brotgetreide
NT1 buchweizen
NT1 futtergetreide
NT2 getreide ausser weizen
NT1 gerste
NT2 braugerste
NT2 futtergerste
NT1 hafer
NT1 hirse
NT1 mais
NT2 koernermais
NT2 silomais
NT1 reis
NT1 roggen
NT1 sorghum
NT1 triticale
NT1 weizen
NT2 hartweizen
NT2 weichweizen
rt getreideerzeugnis

GETREIDE AUSSER WEIZEN
BT1 futtergetreide
BT2 getreide
BT3 feldfrucht

GETREIDEERZEUGNIS
NT1 getreidemehl
NT2 hafermehl
NT2 maismehl
NT2 reismehl
NT2 roggenmehl
NT2 weizenmehl
NT1 haferflocken
NT1 kornflakes
NT1 perlgraupen
NT1 teigwaren
rt backwaren
rt getreide
rt nahrungsmittel

GETREIDEMEHL
BT1 getreideerzeugnis
NT1 hafermehl
NT1 maismehl
NT1 reismehl
NT1 roggenmehl
NT1 weizenmehl

GEWAESSER
BT1 boden

GEWERBLICHE FUTTERMITTEL
BT1 futtermittel
NT1 eiweissfuttermittel
NT1 mischfuttermittel
NT1 oelkuchen
rt zusatzstoff

GEWERBLICHE VIEHHALTUNG
uf massentierhaltung
BT1 aufzucht
BT2 tierische produktionstechnik

GEWERKSCHAFT
BT1 interessengruppe
BT2 gruppe
rt arbeitsschutz
rt landarbeitergewerkschaft

GEWINN
uf reineinkommen

GEWINN (C)
BT1 betriebserfolg

GEWOHNHEIT
BT1 soziale norm
BT2 sozialsystem

GEWOHNHEITSRECHT
BT1 rechtsquelle

GEWUERZPFLANZE
BT1 feldfrucht

GEZUCKERTE KONDENSMILCH
sf kondensmilch
BT1 milchprodukt

GHANA
BT1 westafrika
BT2 afrika suedlich der sahara
BT3 afrika
rt commonwealth
rt englischsprachiges afrika

GIBRALTAR
BT1 mittelmeerlaender
BT1 westeuropa
BT2 europa
rt vereinigtes koenigreich

GLEICHGEWICHTSTHEORIE
BT1 wirtschaftstheorie

GLOBALE BUCHFUEHRUNG
BT1 buchfuehrungssystem
BT2 buchfuehrung

gouadeloupe
USE **guadeloupe**

GRANATAPFEL
BT1 obst
rt commonwealth

GRAPHENTHEORIE
BT1 statistik
rt mathematik
rt moderne mathematik
rt unternehmensforschung

GRAPHISCHE DARSTELLUNG
BT1 statistik

GRAS
BT1 feldfrucht

GRAUE LITERATUR
BT1 veroeffentlichung

GRENADA
BT1 westindische staatengruppe
BT2 karibischer raum
BT3 amerika

GRENZAUSGLEICH
BT1 agrarpreispolitik
BT2 agrarmarktpolitik
BT3 agrarpolitik

GRENZERTRAG
BT1 grenzwertanalyse
BT2 wirtschaftsanalyse

GRENZKOSTEN
BT1 grenzwertanalyse
BT2 wirtschaftsanalyse

GRENZWERTANALYSE
BT1 wirtschaftsanalyse
NT1 grenzertrag
NT1 grenzkosten

GRIECHENLAND
BT1 mittelmeerlaender
BT1 westeuropa
BT2 europa

GROENLAND
BT1 nordamerika
BT2 amerika
BT1 skandinavien
BT2 westeuropa
BT3 europa
rt daenemark

GROESSENEFFEKTE
BT1 wirtschaftsgrundsaetze
BT2 wirtschaftstheorie

GROSSBETRIEB
BT1 betriebstyp
BT2 betriebssystem
rt betriebsgroesse

grossbritanien
USE **vereinigtes koenigreich**

GROSSELTERN
BT1 familiengroesse
BT2 familie

GROSSFAMILIE
BT1 familienstruktur
NT1 mehrgenerationen-familie

GROSSGRUPPE
BT1 gruppengroesse
BT2 gruppe

GROSSHANDEL
BT1 absatzweg
BT2 absatz
NT1 einkaufsvereinigung
NT1 grossmarkt

GROSSHANDELSPREIS
BT1 preis

GROSSMARKT
BT1 grosshandel
BT2 absatzweg
BT3 absatz

GROUPEMENT FONCIER AGRICOLE
(nur in frankreich)
BT1 betriebszweiggemeinschaft

GRUENDUENGER
BT1 organischer duenger
BT2 duengemittel

GRUENE BOHNE
BT1 gartenbohne
BT2 leguminosen
BT3 gemuese

GRUENE REVOLUTION
BT1 entwicklung der landwirtschaft
rt hochzuchtsorte

GRUENE WAEHRUNG
BT1 waehrung

GRUENER SALAT
BT1 gemuese

GRUENFUTTER
BT1 wirtschaftsfutter
BT2 futtermittel

GRUENKOHL
BT1 kohl
BT2 gemuese

GRUENLAND
uf weide
BT1 boden
NT1 dauergruenland
NT1 feldgrasbau
NT1 praerie

GRUNDBESITZVERHAELTNISSE
NT1 eigenbewirtschaftung
NT1 pacht
NT2 pachtvertrag

GRUNDBESITZVERHAELTNISSE (C)
NT1 teilpacht

grundbuch
USE **kataster**

GRUNDEIGENTUM
NT1 besitzuebergang
NT2 erbschaft
NT2 grundstuecksverkehr
NT2 hypothek
rt eigentum
rt eigentumsverhaeltnisse
rt kataster

GRUNDGESETZ
uf verfassungsrecht
BT1 rechtsquelle

GRUNDLAGENFORSCHUNG
BT1 forschung

GRUNDPREIS
BT1 preis

GRUNDRENTE
BT1 bewertung

GRUNDSCHULBILDUNG
uf primarbildung
BT1 schulbildung
BT2 bildung

GRUNDSTEUER
BT1 kapitalertragssteuer
BT2 direkte steuer
BT3 steuerwesen
BT4 oeffentliche finanzen

GRUNDSTUECKSVERKEHR
BT1 besitzuebergang
BT2 grundeigentum
rt enteignung
rt flurbereinigung

GRUNDVERKEHRSSTEUER
BT1 indirekte steuer
BT2 steuerwesen
BT3 oeffentliche finanzen

GRUPPE
NT1 altersgruppe
NT1 arbeitsgruppe
NT1 ethnische gruppe
NT1 gruppengroesse
NT2 grossgruppe
NT2 kleingruppe
NT3 nachbarschaft
NT1 gruppenintegration
NT2 gruppenbewusstsein
NT2 gruppeninteraktion
NT2 gruppensolidaritaet
NT2 gruppenverhalten
NT1 interessengruppe
NT2 bauernverband
NT2 gewerkschaft
NT2 interessenvertretung
NT2 landarbeitergewerkschaft
NT2 wirtschaftsverband
NT1 mitglied
NT2 person und gruppe
NT1 mitgliedergruppe
rt kommune

GRUPPENBEWUSSTSEIN
BT1 gruppenintegration
BT2 gruppe

GRUPPENDISKUSSION
BT1 lehrmethode

GRUPPENGROESSE
BT1 gruppe
NT1 grossgruppe
NT1 kleingruppe
NT2 nachbarschaft

GRUPPENINTEGRATION
BT1 gruppe
NT1 gruppenbewusstsein
NT1 gruppeninteraktion
NT1 gruppensolidaritaet
NT1 gruppenverhalten

GRUPPENINTERAKTION
BT1 gruppenintegration
BT2 gruppe

GRUPPENSOLIDARITAET
BT1 gruppenintegration
BT2 gruppe

GRUPPENVERHALTEN
BT1 gruppenintegration
BT2 gruppe

GUADELOUPE
uf gouadeloupe
BT1 karibischer raum
BT2 amerika
rt frankreich

GUANO
BT1 organischer duenger
BT2 duengemittel

GUATEMALA
BT1 mittelamerika
BT2 amerika
rt cacm

GUAYANA
BT1 suedamerika
BT2 amerika
rt commonwealth

guayana (franzoesisch)
USE **franzoesisch-guayana**

GUELLE
BT1 organischer duenger
BT2 duengemittel

GUETEZEICHEN
BT1 kennzeichnung
BT2 verkaufsfoerderung
BT3 marketing
NT1 produktstandard
rt qualitaet
rt warenzeichen

GUINEA
BT1 westafrika
BT2 afrika suedlich der sahara
BT3 afrika
rt franzoesischsprachiges afrika

GUINEA-BISSAU
BT1 westafrika
BT2 afrika suedlich der sahara
BT3 afrika

GUJAVA
BT1 suedfrucht
BT2 obst

GURKE
BT1 gemuese

HACKFRUCHT
BT1 feldfrucht
NT1 futterruebe
NT1 kartoffel
NT2 futterkartoffel
NT2 industriekartoffel
NT2 speisekartoffel
NT1 maniok
NT1 weisse ruebe
NT1 yams
NT1 zuckerruebe

haehnchen
USE **junghahn**

HAFER
BT1 getreide
BT2 feldfrucht
rt haferflocken

HAFERFLOCKEN
BT1 getreideerzeugnis
rt hafer

HAFERMEHL
BT1 getreidemehl
BT2 getreideerzeugnis

HAGEL
BT1 niederschlag
BT2 klimafaktor

HAGELVERSICHERUNG
BT1 landw versicherung
BT2 versicherung

HAITI
BT1 karibischer raum
BT2 amerika
BT1 mittelamerika

HALBSTAATLICHE INSTITUTION
BT1 verwaltung

HANDBUCH
BT1 veroeffentlichung

HANDEL
NT1 aussenhandel
NT2 agraraussenhandel
NT2 ausfuhr
NT2 einfuhr
NT1 binnenhandel
NT1 innergemeinschaftlicher handel
NT1 internationaler handel
NT1 kauf
NT1 naturalhandel
NT1 transithandel
NT1 umsatz
NT1 verkauf
rt agraraussenhandel
rt handelsrecht

HANDELSBANK
BT1 bank

handelsbedingungen
USE **terms of trade**

HANDELSBEZIEHUNGEN
BT1 handelspolitik

HANDELSBILANZ
BT1 handelspolitik
rt versorgungsbilanz
rt zahlungsbilanz

HANDELSDUENGER
BT1 duengemittel
NT1 kali
NT1 kalk
NT1 kompost
NT1 mehrnaehrstoffduenger
NT1 phosphat
NT1 stickstoff
NT2 harnstoff

HANDELSGENOSSENSCHAFT
BT1 genossenschaftliche taetigkeit
NT1 absatzgenossenschaft
NT1 einkaufsgenossenschaft

HANDELSGESELLSCHAFT
BT1 privatunternehmen
BT2 unternehmen
rt gesellschaft auf gegenseitigkeit
rt gesellschaftsrecht
rt rechtsform

HANDELSKLASSE
BT1 marktstandard

HANDELSLIBERALISIERUNG
BT1 handelspolitik

HANDELSPOLITIK
NT1 ausfuhrdiversifikation
NT1 ausfuhrfoerderung
NT2 ausfuhrbeihilfe
NT2 ausfuhrerstattung
NT2 ausfuhrkredit
NT1 einfuhrfoerderung
NT1 handelsbeziehungen
NT1 handelsbilanz
NT1 handelsliberalisierung
NT1 handelsvertrag
NT2 internationales abkommen
NT2 praeferenzabkommen
NT1 marktamt
NT1 warenkredit
NT2 leasing
NT1 wirtschaftsverhandlungen
NT2 gatt
NT2 unctad
rt politik

HANDELSRECHT
rt gesellschaftsrecht
rt handel
rt rechtsform

HANDELSSCHRANKEN
BT1 protektionismus
NT1 ausfuhrbeschraenkung
rt einfuhrbeschraenkung
rt nichttarifaere handelsschranken
rt zoll

HANDELSSPANNE
rt absatzweg
rt verteilung

HANDELSVERTRAG
BT1 handelspolitik
NT1 internationales abkommen
NT1 praeferenzabkommen

HANDELSVERTRETER
BT1 absatzweg
BT2 absatz
NT1 kommissionaer
NT1 zwischenhaendler

HANF
BT1 faserpflanze
BT2 feldfrucht

HARDWARE
NT1 computer
NT2 minicomputer

HARNSTOFF
BT1 stickstoff
BT2 handelsduenger
BT3 duengemittel

HARTKAESE
BT1 kaese
BT2 milchprodukt

HARTWEIZEN
BT1 weizen
BT2 getreide
BT3 feldfrucht

HASELNUSS
BT1 nuss

HAUPTKOMPONENTENANALYSE
BT1 statistische inferenz
BT2 analytische statistik
BT3 statistik
rt faktoranalyse

HAUSHALTUNG
BT1 wirtschaftseinheit
NT1 landw haushaltung
rt familie

HAUSHALTUNGSAUSGABEN
BT1 verbraucherausgaben
BT2 gesamtdaten

HAUSHALTUNGSVERBRAUCH
BT1 gesamtdaten
BT1 verbrauch
rt nachfrage
rt verbraucherausgaben
rt verbraucherverhalten

HEIRATSALTER
BT1 ehe
BT2 familie

HENGST
BT1 pferd

herbizid
USE **unkrautbekaempfungsmittel**

HERKUNFTSBEZEICHNUNG
BT1 qualitaetskontrolle
BT2 verbraucherschutz

HERRSCHENDE KLASSE
BT1 soziale klasse
BT2 soziale schichtung
BT3 sozialstruktur

HEU
BT1 wirtschaftsfutter
BT2 futtermittel

HEVEA
BT1 industriepflanze

HICKORYNUSS
BT1 nuss

HIMBEERE
BT1 beerenobst
BT2 obst

HIRSE
BT1 getreide
BT2 feldfrucht

HOCHSCHULBILDUNG
BT1 bildung

HOCHZUCHTSORTE
BT1 sorte
BT2 pflanzenzucht
rt ertrag
rt gruene revolution
rt saatgut
rt triticale

HOECHSTPREIS
BT1 preis

holland
USE **niederlande**

HOLZINDUSTRIE
BT1 non-food-industrie

HONDURAS
BT1 mittelamerika
BT2 amerika
rt cacm

HONGKONG
BT1 ostasien
BT2 asien
rt vereinigtes koenigreich

HONIG
rt biene
rt bienenhaltung
rt nahrungsmittel

HOPFEN
BT1 feldfrucht

HORIZONTALE INTEGRATION
BT1 integration

HORIZONTALE INTEGRATION (C)
BT2 soziooekonom organisationsform
rt betriebshilfsdienst

HORIZONTALE MOBILITAET
BT1 soziale mobilitaet
BT2 soziale schichtung
BT3 sozialstruktur
rt geographische mobilitaet

HUEHNCHEN
BT1 gefluegel
NT1 junghahn
NT1 kueken
NT1 legehenne

HUNGER
BT1 armut
BT2 lebensstandard
BT3 lebensverhaeltnisse
rt ernaehrungspolitik

hybrid
USE **kreuzungszucht**

HYBRIDZUCHT
BT1 pflanzenzucht
rt kreuzungszucht

HYDROKULTUR
BT1 bodennutzungsform

HYPOTHEK
BT1 besitzuebergang
BT2 grundeigentum
BT1 privatanleihe
BT2 anleihe
BT3 kreditverkehr

IDENTITAET
BT1 person

IDEOLOGIE
BT1 verhalten

IMPERIALISMUS
BT1 politisches system
NT1 kolonialismus

INDEXIERUNG
BT1 dokumentenanalyse
BT2 informationsverarbeitung

INDIEN
BT1 suedostasien
BT2 asien
rt commonwealth

INDIKATIVE PLANUNG
BT1 planung

INDIREKTE STEUER
BT1 steuerwesen
BT2 oeffentliche finanzen
NT1 grundverkehrssteuer
NT1 mehrwertsteuer
NT1 verbrauchssteuer
rt zoll

individuum
USE **person**

INDOCHINA
BT1 suedostasien
BT2 asien
NT1 kampuchea
NT1 lao
NT1 vietnam

INDONESIEN
BT1 suedostasien
BT2 asien

INDUSTRIALISIERUNG
BT1 fortschritt
BT2 sozialer wandel

INDUSTRIE
NT1 laendliche industrie
rt inputindustrie
rt lebensmittelindustrie
rt non-food-industrie

industrieforschung
USE **private forschung**

INDUSTRIEGESELLSCHAFT
BT1 gesellschaft

INDUSTRIEKARTOFFEL
BT1 kartoffel
BT2 hackfrucht
BT3 feldfrucht

INDUSTRIEKREDITBANK
BT1 bank
rt entwicklungsbank
rt investitionsbank

INDUSTRIEPFLANZE
NT1 hevea
NT1 tabak
rt faserpflanze
rt oelsaaten

INFLATION
BT1 geldwirtschaft

INFORMATION
uf informationsdienst
NT1 oeffentlichkeitsarbeit
rt beratung
rt dokumentation
rt informationsverarbeitung
rt kommunikation
rt massenmedien
rt verbreitung forschungsergebnisse

informationsdienst
USE **information**

INFORMATIONSSPEICHERUNG
BT1 informationsverarbeitung
NT1 mikroform
rt datenbank
rt datenbasis

INFORMATIONSSUCHE
NT1 karteikartendienst
NT1 profildienst
NT1 retrospektive suche
rt dokumentation

INFORMATIONSVERARBEITUNG
NT1 dokumentationssprache
NT2 thesaurus
NT1 dokumentenanalyse
NT2 indexierung
NT2 klassifikation
NT2 kurzreferat
NT1 informationsspeicherung
NT2 mikroform
rt information

INFRASTRUKTUR
rt planung im laendlichen raum

INLANDSMARKT
BT1 markt

INLANDSPRODUKTION
BT1 produktion
rt selbstversorgung

INLANDSVERBRAUCH
BT1 verbrauch

INNEREIEN
BT1 fleisch

INNERGEMEINSCHAFTLICHER HANDEL
BT1 handel

innerlandw disparitaet+
USE **agrarsektor**

innerlandw disparitaet+ (C)
AND **disparitaet**

INNOVATION
uf adoption der innovation
BT1 fortschritt
BT2 sozialer wandel

INPUT-OUTPUT-ANALYSE
BT1 nichtoptimierungsverfahren
BT2 unternehmensforschung
rt rechnungswesen
rt wirtschaftsanalyse

INPUTINDUSTRIE
NT1 chemische industrie
NT2 duengemittelindustrie
NT1 futtermittelindustrie
NT1 landmaschinenindustrie
NT1 saatgutwirtschaft
rt industrie
rt inputsektor
rt verarbeitung

INPUTSEKTOR
uf vorgelagerter bereich
BT1 nahrungswirtschaft
rt inputindustrie

INSEKTIZID
BT1 pestizid

insel man
USE **gb (isle of man)**

INSTANDHALTUNG
BT1 mechanisierung

INSTANTKAFFEE
uf gefriergetrockneter kaffee
uf kaffeepulver
BT1 instantlebensmittel
BT2 verzehrsfertiges lebensmittel
rt kaffee
rt trockenlebensmittel

INSTANTKAKAO
BT1 instantlebensmittel
BT2 verzehrsfertiges lebensmittel
rt kakao
rt trockenlebensmittel

INSTANTLEBENSMITTEL
BT1 verzehrsfertiges lebensmittel
NT1 instantkaffee
NT1 instantkakao
NT1 instanttee

INSTANTTEE
BT1 instantlebensmittel
BT2 verzehrsfertiges lebensmittel
rt tee
rt trockenlebensmittel

INSTITUTION
BT1 sozialsystem
NT1 institutionalisierung

INSTITUTIONALISIERUNG
BT1 institution
BT2 sozialsystem

INTEGRAL-UND DIFFERENTIALRECHNUNG
BT1 mathematik

INTEGRATION
BT1 soziooekonom organisationsform
NT1 horizontale integration
NT1 vertikale integration
rt diversifikation
rt kooperation
rt vertragsrecht

INTEGRATION IN DIE FAMILIE
BT1 familienleben

INTEGRIERTER PFLANZENSCHUTZ
BT1 pflanzenpflege

INTEGRIERTER PFLANZENSCHUTZ (C)
BT2 pflanzliche produktionstechnik
rt pflanzenschutzverfahren

INTENSIVE LANDWIRTSCHAFT
BT1 betriebssystem

INTENSIVMAST
BT1 mast
BT2 fuetterung
BT3 tierische produktionstechnik

INTERESSENGRUPPE
BT1 gruppe
NT1 bauernverband
NT1 gewerkschaft
NT1 interessenvertretung
NT1 landarbeitergewerkschaft
NT1 wirtschaftsverband
rt organisationen

INTERESSENVERTRETUNG
BT1 interessengruppe
BT2 gruppe
rt macht

INTERNATIONALE ANLEIHE
BT1 anleihe
BT2 kreditverkehr

INTERNATIONALER HANDEL
uf welthandel
BT1 handel

INTERNATIONALER TRANSPORT
BT1 transport

INTERNATIONALES ABKOMMEN
BT1 handelsvertrag
BT2 handelspolitik
rt entwicklungshilfe

INTERREGIONALE PLANUNG
BT1 planung

INTERSEKTORALE PLANUNG
BT1 planung

INTERVENTION
BT1 marktordnung
BT2 agrarmarktpolitik
BT3 agrarpolitik
rt politik

INTERVENTIONSPREIS
BT1 agrarpreis
BT2 preis

INVESTITION
BT1 lage der landwirtschaft
NT1 auslandsanlage
NT1 investition der oeffentlichen hand
NT1 neuinvestition
NT1 private kapitalanlage
rt kapital

INVESTITION DER OEFFENTLICHEN HAND
BT1 investition
BT2 lage der landwirtschaft

INVESTITIONSBANK
BT1 bank
rt entwicklungsbank
rt industriekreditbank
rt weltbank

INVESTITIONSBEDARF
uf kapitalbedarf
BT1 investitionspolitik

INVESTITIONSFOERDERUNG
uf einzelbetriebl foerderungsprogramm
BT1 investitionspolitik
NT1 betriebsentwicklung
NT2 foerderungsschwelle
NT1 kapitalbuergschaft
rt beihilfefonds

INVESTITIONSFUNKTION
BT1 entscheidungsanalyse
BT2 parametrisches verfahren
BT3 oekonometrie

INVESTITIONSPLANUNG
BT1 betriebsplanung
NT1 risiko
NT1 unsicherheit

INVESTITIONSPOLITIK
uf *investitionsprogramm*
NT1 investitionsbedarf
NT1 investitionsfoerderung
NT2 betriebsentwicklung
NT3 foerderungsschwelle
NT2 kapitalbuergschaft
rt politik

investitionsprogramm
USE **investitionspolitik**

IRAK
BT1 arabische laender
BT1 westasien
BT2 asien

IRAN
BT1 westasien
BT2 asien

IRLAND
BT1 westeuropa
BT2 europa
NT1 irland (connacht)
NT1 irland (leinster)
NT1 irland (munster)
rt europaeische gemeinschaften

IRLAND (CONNACHT)
BT1 irland
BT2 westeuropa
BT3 europa

IRLAND (LEINSTER)
BT1 irland
BT2 westeuropa
BT3 europa

IRLAND (MUNSTER)
BT1 irland
BT2 westeuropa
BT3 europa

ISLAND
BT1 skandinavien
BT2 westeuropa
BT3 europa
rt efta

isoglukose
USE **staerkezucker**

isomerose
USE **staerkezucker**

ISRAEL
BT1 mittelmeerlaender
BT1 westasien
BT2 asien

ISTKOSTEN
BT1 produktionskosten
BT2 kosten
BT3 kostenanalyse

ITALIEN
BT1 mittelmeerlaender
BT1 westeuropa
BT2 europa
NT1 italien (abruzzi)
NT1 italien (basilicata)
NT1 italien (calabria)
NT1 italien (campania)
NT1 italien (emilia-romagna)
NT1 italien (friuli-venezia giulia)
NT1 italien (lazio)
NT1 italien (liguria)

ITALIEN (C)
NT1 italien (lombardia)
NT1 italien (marche)
NT1 italien (molise)
NT1 italien (piemonte)
NT1 italien (puglia)
NT1 italien (sardegna)
NT1 italien (sicilia)
NT1 italien (toscana)
NT1 italien (trentino-alto adige)
NT1 italien (umbria)
NT1 italien (valle d'aosta)
NT1 italien (veneto)
rt europaeische gemeinschaften

ITALIEN (ABRUZZI)
BT1 italien
BT2 mittelmeerlaender
BT2 westeuropa
BT3 europa

ITALIEN (BASILICATA)
BT1 italien
BT2 mittelmeerlaender
BT2 westeuropa
BT3 europa

ITALIEN (CALABRIA)
BT1 italien
BT2 mittelmeerlaender
BT2 westeuropa
BT3 europa

ITALIEN (CAMPANIA)
BT1 italien
BT2 mittelmeerlaender
BT2 westeuropa
BT3 europa

ITALIEN (EMILIA-ROMAGNA)
BT1 italien
BT2 mittelmeerlaender
BT2 westeuropa
BT3 europa

ITALIEN (FRIULI-VENEZIA GIULIA)
BT1 italien
BT2 mittelmeerlaender
BT2 westeuropa
BT3 europa

ITALIEN (LAZIO)
BT1 italien
BT2 mittelmeerlaender
BT2 westeuropa
BT3 europa

ITALIEN (LIGURIA)
BT1 italien
BT2 mittelmeerlaender
BT2 westeuropa
BT3 europa

ITALIEN (LOMBARDIA)
BT1 italien
BT2 mittelmeerlaender
BT2 westeuropa
BT3 europa

ITALIEN (MARCHE)
BT1 italien
BT2 mittelmeerlaender
BT2 westeuropa
BT3 europa

ITALIEN (MOLISE)
BT1 italien
BT2 mittelmeerlaender
BT2 westeuropa
BT3 europa

ITALIEN (PIEMONTE)
BT1 italien
BT2 mittelmeerlaender
BT2 westeuropa
BT3 europa

ITALIEN (PUGLIA)
BT1 italien
BT2 mittelmeerlaender
BT2 westeuropa
BT3 europa

ITALIEN (SARDEGNA)
uf *sardinien*
BT1 italien
BT2 mittelmeerlaender
BT2 westeuropa
BT3 europa

ITALIEN (SICILIA)
uf *sizilien*
BT1 italien
BT2 mittelmeerlaender
BT2 westeuropa
BT3 europa

ITALIEN (TOSCANA)
BT1 italien
BT2 mittelmeerlaender
BT2 westeuropa
BT3 europa

ITALIEN (TRENTINO-ALTO ADIGE)
BT1 italien
BT2 mittelmeerlaender
BT2 westeuropa
BT3 europa

ITALIEN (UMBRIA)
BT1 italien
BT2 mittelmeerlaender
BT2 westeuropa
BT3 europa

ITALIEN (VALLE D'AOSTA)
BT1 italien
BT2 mittelmeerlaender
BT2 westeuropa
BT3 europa

ITALIEN (VENETO)
BT1 italien
BT2 mittelmeerlaender
BT2 westeuropa
BT3 europa

JAGD
rt betriebszweig
rt freizeitbeschaeftigung
rt wild

JAHRESBILANZ
BT1 bilanzanalyse

JAMAIKA
BT1 karibischer raum
BT2 amerika
BT1 mittelamerika
rt commonwealth

JAPAN
BT1 ostasien
BT2 asien

JEMEN
uf *arabische republik jemen*
BT1 arabische laender
BT1 westasien
BT2 asien

JEMEN DVR
uf *suedjemen*
BT1 arabische laender
BT1 westasien
BT2 asien

JOGHURT
BT1 sauermilch
BT2 milchprodukt

JORDANIEN
BT1 arabische laender
BT1 westasien
BT2 asien

JUGEND
BT1 alter
BT1 familiengroesse
BT2 familie
NT1 landjugend

JUGENDLICHE ARBEITSKRAFT
BT1 landw arbeitskraft

JUGOSLAWIEN
BT1 mittelmeerlaender
BT1 osteuropa
BT2 europa

jungferninseln (britisch)
USE **tortola**

jungferninseln (usa)
USE **amerikanische jungferninseln**

JUNGFRAEULICHER BODEN
BT1 boden

JUNGHAHN
uf *haehnchen*
BT1 huehnchen
BT2 gefluegel

KAESE
BT1 milchprodukt
NT1 hartkaese
NT1 schmelzkaese
NT1 weichkaese

KAFFEE
BT1 alkoholfreies getraenk
BT2 getraenk
rt instantkaffee

kaffeepulver
USE **instantkaffee**

KAFFEEWIRTSCHAFT
BT1 getraenkeindustrie
BT2 lebensmittelindustrie

kaffeinfreier tee
USE **tee**

KAKAO
uf *kakaotrunk+*
rt instantkakao
rt nahrungsmittel

kakaotrunk+
USE **getraenk**
AND **kakao**

KAKAOWIRTSCHAFT
BT1 lebensmittelindustrie

KAKI
BT1 obst

KALB
BT1 rindvieh

KALBFLEISCH
BT1 fleisch

KALI
BT1 handelsduenger
BT2 duengemittel

KALK
BT1 handelsduenger
BT2 duengemittel

KALKULATORISCHE KOSTEN
BT1 produktionskosten
BT2 kosten
BT3 kostenanalyse

kambodscha
USE **kampuchea**

KAMERUN
BT1 westafrika

KAMERUN (C)
BT2 afrika suedlich der sahara
BT3 afrika
BT1 zentralafrika
rt franzoesischsprachiges afrika

KAMPUCHEA
uf *kambodscha*
uf *khmer republik*
BT1 indochina
BT2 suedostasien
BT3 asien

KANADA
BT1 nordamerika
BT2 amerika
rt commonwealth

KANARISCHE INSELN
BT1 westeuropa
BT2 europa
rt spanien

KANINCHEN
rt kleintierhaltung

KAP VERDE
uf *kapverdische inseln*
uf *republik kap verde*
BT1 westafrika
BT2 afrika suedlich der sahara
BT3 afrika
rt portugal

KAPAZITAETSAUSNUTZUNG
BT1 effizienz
rt produktionspotential

KAPITAL
BT1 wirtschaftl ressourcen
BT2 wirtschaftl lage
rt anlagevermoegen
rt investition
rt produktionsfaktor
rt umlaufvermoegen

kapitalbedarf
USE **investitionsbedarf**

KAPITALBUERGSCHAFT
BT1 investitionsfoerderung
BT2 investitionspolitik

KAPITALERTRAG
BT1 finanzierung

KAPITALERTRAGSSTEUER
uf *vermoegenssteuer*
BT1 direkte steuer
BT2 steuerwesen
BT3 oeffentliche finanzen
NT1 grundsteuer

KAPITALISMUS
BT1 politisches system

KAPITALMARKT
BT1 markt

KAPITALPRODUKTIVITAET
BT1 produktivitaet
BT2 lage der landwirtschaft
BT2 wirtschaftlichkeitsanalyse

KAPITALRECHNUNG
BT1 wirtschaftsrechnung

KAPITALVERWENDUNG
BT1 lage der landwirtschaft

KAPOK
BT1 faserpflanze
BT2 feldfrucht

kapverdische inseln
USE **kap verde**

KARIBISCHER RAUM
uf *antillen*
uf *westindien*
BT1 amerika
NT1 amerikanische jungferninseln
NT1 bahamas
NT1 barbados
NT1 dominikanische republik
NT1 guadeloupe
NT1 haiti
NT1 jamaika
NT1 kayman-inseln
NT1 kuba
NT1 martinique
NT1 montserrat
NT1 niederlaendische antillen
NT1 puerto rico
NT1 tortola
NT1 trinidad und tobago
NT1 turks- und caicosinseln
NT1 westindische staatengruppe
NT2 antigua
NT2 dominika
NT2 grenada
NT2 st christoph-nevis-anguilla
NT2 st lucia
NT2 st vincent
rt mittelamerika
rt suedamerika

KARTEIKARTENDIENST
BT1 informationssuche

KARTEN
BT1 veroeffentlichung
rt geographie

KARTOFFEL
BT1 hackfrucht
BT2 feldfrucht
NT1 futterkartoffel
NT1 industriekartoffel
NT1 speisekartoffel

KARTOFFELERZEUGNIS
BT1 gemueseerzeugnis

KASCHUNUSS
BT1 nuss

KATAR
BT1 staaten des persischen golfs
BT2 asien

KATASTER
uf *grundbuch*
rt grundeigentum

KAUF
BT1 handel
rt marketing
rt umsatz

KAUFPREIS
BT1 preis

KAUFVERHALTEN
BT1 verbraucherverhalten
BT2 wirtschaftssoziologie

KAUTSCHUCKINDUSTRIE
BT1 non-food-industrie

KAYMAN-INSELN
BT1 karibischer raum
BT2 amerika
rt vereinigtes koenigreich

KENIA
BT1 ostafrika
BT2 afrika suedlich der sahara
BT3 afrika
rt commonwealth
rt englischsprachiges afrika

KENNZEICHNUNG
BT1 verkaufsfoerderung
BT2 marketing

KENNZEICHNUNG (C)
NT1 guetezeichen
NT2 produktstandard
NT1 warenzeichen
rt verpacken

KERNFAMILIE
BT1 familienstruktur
NT1 ein-generation-familie
NT1 zwei-generationen-familie

KERNOBST
BT1 obst
NT1 apfel
NT1 birne
NT1 quitte

KEYNESTHEORIE
BT1 oekonomische schule
BT2 wirtschaftstheorie

khmer republik
USE **kampuchea**

KIBBUTZ
BT1 kollektiv
BT2 landw betrieb

KICHERERBSE
BT1 gemuese

KINDER
BT1 familiengroesse
BT2 familie
NT1 sohn
NT1 tochter

KINDERARBEIT
BT1 landw arbeitskraft

KINDERGELD
BT1 soziale sicherung

KINDERNAEHRMITTEL
uf saeuglingsmilch
BT1 diaetetisches lebensmittel
BT2 verzehrsfertiges lebensmittel

KINDHEIT
BT1 alter

KIRCHE
BT1 religion
BT2 sozialsystem
NT1 kirche im laendlichen raum

KIRCHE IM LAENDLICHEN RAUM
BT1 kirche
BT2 religion
BT3 sozialsystem

KIRSCHE
BT1 steinobst
BT2 obst

KLASSENKAMPF
BT1 soziale unruhe
BT2 soziale krise
BT3 sozialisation

KLASSIFIKATION
BT1 dokumentenanalyse
BT2 informationsverarbeitung

KLASSISCHE WIRTSCHAFTSTHEORIE
uf liberalismus
BT1 oekonomische schule
BT2 wirtschaftstheorie

KLEE
BT1 futterpflanze
BT2 feldfrucht

KLEINBETRIEB
BT1 betriebstyp
BT2 betriebssystem
rt betriebsgroesse

KLEINGARTEN
BT1 betriebstyp
BT2 betriebssystem

KLEINGRUPPE
BT1 gruppengroesse
BT2 gruppe
NT1 nachbarschaft
rt familie

KLEINTIERHALTUNG
BT1 tierproduktion
BT2 betriebszweig
rt kaninchen

KLIMA
NT1 mikroklima
rt klimazone
rt meteorologie

KLIMAFAKTOR
NT1 frost
NT1 niederschlag
NT2 hagel
NT2 regen
NT2 schnee
NT1 trockenheit
rt landw katastrophe
rt schadensfaelle

KLIMAZONE
NT1 feuchtzone
NT1 gemaessigte zone
NT1 trockenzone
NT2 wueste
NT3 wuestung
NT1 tropen
rt klima

KNOBLAUCH
BT1 gemuese

KOERNERMAIS
BT1 mais
BT2 getreide
BT3 feldfrucht

KOERPERSCHAFTSSTEUER
BT1 direkte steuer
BT2 steuerwesen
BT3 oeffentliche finanzen

KOHL
BT1 gemuese
NT1 gruenkohl
NT1 rotkohl
NT1 weisskohl
NT1 wirsingkohl

KOHLRABI
BT1 gemuese

KOKOSNUSS
BT1 nuss

KOKOSNUSSOEL
BT1 pflanzenfett
BT2 fett

KOLANUSS
BT1 nuss

KOLCHOSE
BT1 kollektiv
BT2 landw betrieb

KOLLEKTIV
BT1 landw betrieb
NT1 kibbutz
NT1 kolchose
NT1 moschavim
rt gemeinschaftliche produktion
rt kollektivierung
rt kommune
rt produktionsgenossenschaft

KOLLEKTIVIERUNG
BT1 sozialisation

KOLLEKTIVIERUNG (C)
rt kollektiv

KOLLEKTIVVERHALTEN
BT1 verhalten
rt politische einstellung

KOLONIALISMUS
BT1 imperialismus
BT2 politisches system

KOLUMBIEN
BT1 suedamerika
BT2 amerika
rt lafta

KOMMISSIONAER
BT1 handelsvertreter
BT2 absatzweg
BT3 absatz

KOMMUNALE PLANUNG
BT1 planung

KOMMUNALE VERORDNUNG
BT1 rechtsquelle

KOMMUNALE VERWALTUNG
BT1 verwaltung
NT1 gemeinde

KOMMUNALWALD
BT1 waldeigentum
rt forstflaeche

KOMMUNE
rt gruppe
rt kollektiv
rt kooperation

KOMMUNIKATION
rt beratung
rt information
rt massenmedien

KOMMUNISMUS
BT1 politisches system

KOMOREN
BT1 suedliches afrika
BT2 afrika suedlich der sahara
BT3 afrika
rt frankreich
rt franzoesischsprachiges afrika

KOMPOST
BT1 handelsduenger
BT2 duengemittel

kondensmilch
SEE **evaporierte milch**
OR **gezuckerte kondensmilch**

KONFLIKT
BT1 soziale krise
BT2 sozialisation
rt generationenkonflikt

KONGLOMERAT
BT1 unternehmen

KONGO
uf kongo (volksrepublik)
uf kongo pr
uf kongo-brazzaville
BT1 zentralafrika
BT2 afrika suedlich der sahara
BT3 afrika
rt franzoesischsprachiges afrika

kongo (demokratische republik)
USE **zaire**

kongo (volksrepublik)
USE **kongo**

kongo pr
USE **kongo**

kongo-brazzaville
USE **kongo**

kongo-kinshasa
USE **zaire**

KONJUNKTUR
BT1 wirtschaftl entwicklung
NT1 konjunkturrueckgang
NT1 konjunkturschwankung
NT2 saisonale schwankung
NT2 trend
NT2 zyklus
NT1 stabilisierung
NT1 stagnation
NT1 wirtschaftsaufschwung

KONJUNKTURRUECKGANG
uf krise
uf rezession
BT1 konjunktur
BT2 wirtschaftl entwicklung
rt agrarkrise
rt soziale krise

KONJUNKTURSCHWANKUNG
BT1 konjunktur
BT2 wirtschaftl entwicklung
NT1 saisonale schwankung
NT1 trend
NT1 zyklus

KONKAVE PROGRAMMIERUNG
BT1 programmierung

KONKURS
BT1 betriebsverschuldung
BT2 betriebserfolg
BT2 lage der landwirtschaft

KONSERVENINDUSTRIE
BT1 lebensmittelindustrie

KONSERVIERUNG
NT1 gefrieren
NT1 kuehlen
NT1 trocknung
rt silage
rt verarbeitung
rt verpacken
rt zusatzstoff

KONSERVIERUNGSSTOFF
BT1 zusatzstoff

KONSOLIDIERTE BILANZ
BT1 rechnungsabgrenzung
BT2 passiva
BT3 bilanz
BT4 bilanzanalyse

KONSUMGENOSSENSCHAFT
BT1 genossenschaft

KONTENPLAN
BT1 buchfuehrung

kontinentalchina
USE **china**

KONTINGENTIERUNG
BT1 protektionismus
rt angebot
rt produktionslenkung
rt produktionsueberschuss

KONVEXE PROGRAMMIERUNG
BT1 programmierung

KONZENTRATION
BT1 soziooekonom organisationsform
NT1 betriebsfusion

KOOPERATION
BT1 soziooekonom organisationsform
rt betriebszweiggemeinschaft
rt dienstleistungskooperation
rt gemeinschaftseigentum

KOOPERATION (C)
rt genossenschaft
rt integration
rt kommune
rt sozialisation

KOORDINATION
BT1 soziooekonom organisationsform

KOREA DVR
uf nordkorea
BT1 ostasien
BT2 asien

KOREA R
uf suedkorea
BT1 ostasien
BT2 asien

KORNFLAKES
uf maisflocken
BT1 getreideerzeugnis

KORRELATION
BT1 statistische inferenz
BT2 analytische statistik
BT3 statistik

KOSTEN
BT1 kostenanalyse
NT1 produktionskosten
NT2 festkosten
NT2 gesamtkosten
NT2 istkosten
NT2 kalkulatorische kosten
NT2 spezialkosten
NT2 variable kosten

KOSTEN-NUTZEN-ANALYSE
BT1 nichtoptimierungsverfahren
BT2 unternehmensforschung

KOSTEN-PREIS
(kosten-preis verhaeltnis)
BT1 preis
rt produktionskosten

KOSTENANALYSE
NT1 geldertrag
NT1 kosten
NT2 produktionskosten
NT3 festkosten
NT3 gesamtkosten
NT3 istkosten
NT3 kalkulatorische kosten
NT3 spezialkosten
NT3 variable kosten
NT1 kostenrechnung
rt rechnungswesen

kostenartenrechnung
USE **kostenrechnung**

KOSTENRECHNUNG
uf kostenartenrechnung
uf kostenstellenrechnung
uf kostentraegerrechnung
uf stueckkostenrechnung
BT1 kostenanalyse

kostenstellenrechnung
USE **kostenrechnung**

kostentraegerrechnung
USE **kostenrechnung**

KRANKENVERSICHERUNG
BT1 sozialversicherung
BT2 soziale sicherung
rt versicherung

KREBSTIER
rt aquakultur

KREDIT
BT1 kreditverkehr
NT1 agrarkredit
NT1 ausfuhrkredit

KREDIT (C)
NT1 kurzfristiger kredit
NT1 langfristiger kredit
NT1 mittelfristiger kredit
NT1 warenkredit
NT2 leasing
rt anleihe
rt fremdfinanzierung
rt vorrangig gesicherte schuld

KREDITGENOSSENSCHAFT
BT1 genossenschaftsbank
BT2 bank
BT2 dienstleistungskooperation
rt agrarkredit

KREDITKONTROLLE
BT1 kreditpolitik
NT1 diskontsatz
NT1 zinssatz
NT2 zinsverbilligung

KREDITPOLITIK
NT1 kreditkontrolle
NT2 diskontsatz
NT2 zinssatz
NT3 zinsverbilligung
NT1 rueckzahlung
NT2 schuldenkonsolidierung
NT2 zinsendienst
rt anleihe
rt kreditverkehr
rt politik

KREDITVERKEHR
NT1 abzahlungskauf
NT1 anleihe
NT2 internationale anleihe
NT2 oeffentliche anleihe
NT2 privatanleihe
NT3 bankdarlehen
NT3 hypothek
NT1 kredit
NT2 agrarkredit
NT2 ausfuhrkredit
NT2 kurzfristiger kredit
NT2 langfristiger kredit
NT2 mittelfristiger kredit
NT2 warenkredit
NT3 leasing
NT1 verschuldung
NT2 auslandsverschuldung
NT2 oeffentliche verschuldung
NT2 vorrangig gesicherte schuld
rt kreditpolitik
rt landw warenwechsel

KREDITVERSICHERUNG
BT1 versicherung

KRESSE
BT1 gemuese

KREUZUNGSZUCHT
uf hybrid
BT1 tierzucht
BT2 tierische produktionstechnik
rt hybridzucht

KRIMINALITAET
BT1 abweichendes verhalten
BT2 soziale krise
BT3 sozialisation

krise
USE **konjunkturrueckgang**

KRITISCHER PFAD
BT1 plandurchfuehrung und evaluierung
BT2 unternehmensforschung

KUBA
BT1 karibischer raum
BT2 amerika
BT1 mittelamerika
rt comecon

KUEHLEN
BT1 konservierung

KUEHLHAUSLAGERUNG
BT1 lagerung

KUEKEN
BT1 huehnchen
BT2 gefluegel

KUENSTLICHE BESAMUNG
BT1 tierzucht
BT2 tierische produktionstechnik

KUERBIS
BT1 gemuese

KUH
BT1 rindvieh
NT1 ammenkuh
NT1 milchkuh
NT1 schlachtkuh

kuhmilch
USE **milch**

KULTUR
NT1 kulturelle entwicklung
NT1 kulturelle umwelt
NT2 kulturelle anpassung
NT2 kulturelle differenzierung
NT2 kulturelle integration
NT1 kulturelles besitztum
NT1 werte
NT1 wertsystem
NT1 zivilisation
rt sozialanthropologie

KULTURELLE ANPASSUNG
BT1 kulturelle umwelt
BT2 kultur

KULTURELLE DIFFERENZIERUNG
BT1 kulturelle umwelt
BT2 kultur

KULTURELLE ENTWICKLUNG
BT1 kultur

KULTURELLE INTEGRATION
BT1 kulturelle umwelt
BT2 kultur

KULTURELLE UMWELT
BT1 kultur
NT1 kulturelle anpassung
NT1 kulturelle differenzierung
NT1 kulturelle integration

KULTURELLES BESITZTUM
BT1 kultur

KURZFRISTIGER KREDIT
BT1 kredit
BT2 kreditverkehr

KURZREFERAT
BT1 dokumentenanalyse
BT2 informationsverarbeitung

KUWEIT
BT1 staaten des persischen golfs
BT2 asien

KYBERNETIK
rt automation
rt mathematik
rt unternehmensforschung

LAENDERGESETZ
BT1 gesetz
BT2 gesetzgebung
BT3 rechtsquelle

LAENDLICHE ARBEITSLOSIGKEIT
BT1 laendliche wirtschaft

LAENDLICHE BEVOELKERUNG
BT1 bevoelkerungsstruktur
BT2 bevoelkerung
rt landfrau

LAENDLICHE ENTWICKLUNG
BT1 laendliche umwelt
BT2 umwelt
NT1 gemeindeentwicklung
NT2 animation en milieu rural
NT1 laendliche siedlung

LAENDLICHE GEMEINDE
BT1 laendliche umwelt
BT2 umwelt
NT1 dorf

LAENDLICHE GESELLSCHAFT
BT1 gesellschaft

LAENDLICHE INDUSTRIE
BT1 industrie
rt planung im laendlichen raum

LAENDLICHE SIEDLUNG
BT1 laendliche entwicklung
BT2 laendliche umwelt
BT3 umwelt

LAENDLICHE SOZIALFORSCHUNG
NT1 soziologische analyse
NT1 soziologische methode
NT1 soziologische theorie
rt dokumentation
rt forschungsinstitution
rt sozialgeographie

LAENDLICHE SOZIOLOGIE
rt land-stadt-wanderung

LAENDLICHE UMWELT
BT1 umwelt
NT1 agrargeographie
NT1 laendliche entwicklung
NT2 gemeindeentwicklung
NT3 animation en milieu rural
NT2 laendliche siedlung
NT1 laendliche gemeinde
NT2 dorf
NT1 laendlicher raum

LAENDLICHE WIRTSCHAFT
NT1 laendliche arbeitslosigkeit

LAENDLICHE WOHLFAHRT
BT1 lebensverhaeltnisse

LAENDLICHER RAUM
BT1 laendliche umwelt
BT2 umwelt
rt agrargeographie

LAENDLICHES STRASSENNETZ
BT1 strassennetz

LAFTA
(lateinamerikanische freihandels- zone)
BT1 organisationen
rt argentinien
rt bolivien
rt brasilien
rt chile
rt ecuador
rt kolumbien
rt mexiko
rt paraguay
rt peru
rt uruguay
rt venezuela

LAGE DER LANDWIRTSCHAFT
NT1 allokation der ressourcen
NT1 betriebsverschuldung
NT2 konkurs
NT1 disparitaet
NT1 investition
NT2 auslandsanlage
NT2 investition der oeffentlichen hand

LAGE DER LANDWIRTSCHAFT (C)
NT2 neuinvestition
NT2 private kapitalanlage
NT1 kapitalverwendung
NT1 paritaet
NT1 produktivitaet
NT2 arbeitsproduktivitaet
NT2 flaechenproduktivitaet
NT2 kapitalproduktivitaet
rt entwicklung der landwirtschaft
rt wirtschaftsanalyse

LAGERHALTUNGSKONTROLLE
BT1 lagerung

LAGERHAUS
BT1 lagerung

LAGERUNG
NT1 kuehlhauslagerung
NT1 lagerhaltungskontrolle
NT1 lagerhaus
NT1 loselagerung
NT1 silo
NT1 tanklagerung
rt foerdern
rt vorrat

LAMM
BT1 schaf

LAMMFLEISCH
BT1 fleisch

LAND-STADT-WANDERUNG
BT1 entwicklung der landwirtschaft
BT1 geographische mobilitaet
BT2 wanderung
rt laendliche soziologie

LANDARBEITER
(hauptsaechlich im soziologischen sinn)
BT1 beruf
rt fremdarbeitskraft
rt landw arbeitskraft

LANDARBEITERGEWERKSCHAFT
BT1 interessengruppe
BT2 gruppe
rt gewerkschaft

LANDESREGIERUNG
BT1 verwaltung

LANDESWAEHRUNG
BT1 waehrung

LANDFRAU
BT1 frau
rt laendliche bevoelkerung

LANDJUGEND
BT1 jugend
BT2 alter
BT2 familiengroesse
BT3 familie

LANDMASCHINENINDUSTRIE
BT1 inputindustrie

landpacht
USE **betriebspacht**

LANDSCHAFT
BT1 geographie
rt freiraum
rt landschaftspflege
rt umwelt

LANDSCHAFTSPFLEGE
BT1 umweltpolitik
rt bodennutzung
rt landschaft

LANDSOZIOLOGE
BT1 forscher
BT2 forschungspersonal
BT3 forschungsorganisation

LANDTECHNIK
rt bodenverbesserung
rt dienstleistung
rt mechanisierung
rt technischer fortschritt

LANDW ABFALL
BT1 landw belastung
BT2 umweltpolitik
NT1 ernterueckstand
NT1 tierischer abfall
rt abfallbeseitigung

LANDW ARBEITSKRAFT
NT1 alten-mitarbeit
NT1 arbeitskrafteinheit
NT1 familienarbeitskraft
NT1 fremdarbeitskraft
NT2 facharbeitskraft
NT2 frauenarbeitskraft
NT2 nichtstaendige arbeitskraft
NT2 saisonarbeitskraft
NT2 staendige arbeitskraft
NT2 ungelernte arbeitskraft
NT2 wanderarbeiter
NT1 jugendliche arbeitskraft
NT1 kinderarbeit
rt arbeit
rt arbeitswirtschaft
rt erwerbstaetige
rt landarbeiter
rt landw erwerbstaetige

LANDW BANK
BT1 bank

LANDW BAUEN
BT1 planung im laendlichen raum
BT2 planung
rt abgrenzung laendlicher raeume
rt baugenehmigung
rt stallgebaeude

LANDW BELASTUNG
BT1 umweltpolitik
NT1 abfallbeseitigung
NT1 landw abfall
NT2 ernterueckstand
NT2 tierischer abfall
rt entmistung
rt schadstoff
rt umwelt

LANDW BENACHTEILIGTE GEBIETE
BT1 regionale agrarpolitik
BT2 agrarpolitik
NT1 berggebiet
rt agrarstrukturpolitik
rt eg-agrarpolitik

LANDW BETRIEB
NT1 kollektiv
NT2 kibbutz
NT2 kolchose
NT2 moschavim
NT1 private landwirtschaft
NT1 staatsbetrieb
rt betriebstyp
rt betriebszweig

LANDW BEVOELKERUNG
BT1 bevoelkerungsstruktur
BT2 bevoelkerung

LANDW ERWERBSTAETIGE
BT1 erwerbstaetige
BT2 bevoelkerungsstruktur
BT3 bevoelkerung
rt arbeitswirtschaft
rt landw arbeitskraft

LANDW FAMILIE
BT1 familie

LANDW FORSCHUNG
BT1 forschung
rt agrarwissenschaft

LANDW GENUTZTE FLAECHE
BT1 betriebsflaeche

LANDW GESAMTAUSGABEN
BT1 gesamtdaten

LANDW GESAMTRECHNUNG
BT1 rechnungswesen

LANDW HAUSHALTUNG
BT1 haushaltung
BT2 wirtschaftseinheit

LANDW KATASTROPHE
NT1 feuer
NT2 waldbrand
NT1 sturm
NT1 ueberschwemmung
rt beihilfe
rt entschaedigung
rt ernteversicherung
rt klimafaktor
rt naturkatastrophe
rt schadensfaelle

LANDW PACHTWESEN
NT1 betriebspacht
NT1 erbpacht
NT1 viehpacht
NT1 weidepacht
rt eigentuemer
rt pachtdauer
rt pachtruecknahme
rt pachtvertrag
rt paechter

LANDW PLANUNG
uf agrarstrukturplanung
BT1 planung
rt betriebsplanung

landw unternehmen
USE **betriebstyp**

LANDW UNTERRICHTSWESEN
BT1 bildung

LANDW VERSICHERUNG
BT1 versicherung
NT1 ernteversicherung
NT1 feuerversicherung
NT1 hagelversicherung
NT1 viehversicherung

LANDW WARENWECHSEL
rt kreditverkehr

LANDW WEGENETZ
BT1 strassennetz

LANDW WOHNUNG
BT1 lebensverhaeltnisse
NT1 wohngebaeude

LANDWIRT
BT1 beruf
rt betriebsleiter

LANDWIRTSCHAFSMINISTERIUM
BT1 bundesregierung
BT2 verwaltung

LANDWIRTSCHAFT ALS GESCHAEDIGTE
BT1 umweltpolitik
NT1 luftverschmutzung
NT1 wasserverschmutzung
rt schadstoff
rt umwelt

LANDWIRTSCHAFT-GARTENBAU
BT1 aenderung der produktionsstruktur
BT2 produktionspolitik

LANDWIRTSCHAFTSGERICHT
rt rechtsprechung

LANDWIRTSCHAFTSGESETZ
BT1 gesetzgebung

LANDWIRTSCHAFTSGESETZ (C)
BT2 rechtsquelle

LANDWIRTSCHAFTSZAEHLUNG
BT1 zaehlung

LANGFRISTIGER KREDIT
BT1 kredit
BT2 kreditverkehr

LAO
uf laos
BT1 indochina
BT2 suedostasien
BT3 asien

laos
USE **lao**

LARVIZID
BT1 pestizid

lateinamerika
SEE **mexiko**
OR **mittelamerika**
OR **suedamerika**

LEASING
BT1 warenkredit
BT2 handelspolitik
BT2 kredit
BT3 kreditverkehr

LEBENSMITTELINDUSTRIE
NT1 backwarenindustrie
NT2 teigwarenindustrie
NT1 catering
NT1 fischwirtschaft
NT1 fleischwirtschaft
NT2 schlachthof
NT1 getraenkeindustrie
NT2 branntweinwirtschaft
NT2 brauwirtschaft
NT2 kaffeewirtschaft
NT2 teewirtschaft
NT2 weinwirtschaft
NT1 kakaowirtschaft
NT1 konservenindustrie
NT1 milchwirtschaft
NT1 muehlenindustrie
NT1 oel- und fettindustrie
NT1 staerkeindustrie
NT1 suesswarenindustrie
NT1 tiefkuehlindustrie
NT1 zuckerindustrie
rt industrie
rt outputsektor
rt verarbeitung

LEBENSMITTELUERBERWACHUNG
BT1 gesundheitsrecht
rt qualitaetskontrolle
rt verbraucherschutz

lebensmittelzubereitung
USE **verzehrsfertiges lebensmittel**

LEBENSSTANDARD
BT1 lebensverhaeltnisse
NT1 armut
NT2 hunger
NT1 existenzminimum
rt einkommensverteilung

LEBENSVERHAELTNISSE
NT1 laendliche wohlfahrt
NT1 landw wohnung
NT2 wohngebaeude
NT1 lebensstandard
NT2 armut
NT3 hunger
NT2 existenzminimum
rt sozialoekonomischer status

LEBENSVERSICHERUNG
BT1 soziale sicherung

LEDERINDUSTRIE
BT1 non-food-industrie

LEGEHENNE
BT1 huehnchen
BT2 gefluegel

LEGUMINOSEN
BT1 gemuese
NT1 erbse
NT2 futtererbse
NT1 gartenbohne
NT2 gruene bohne
NT2 limabohne
NT2 pferdebohne
NT2 puffbohne
NT2 schminkbohne
NT2 weisse bohne
NT1 linse

LEHRE
BT1 berufsausbildung
BT2 bildung

LEHRER
BT1 beruf
rt bildung
rt student

LEHRMETHODE
NT1 audiovisuelle mittel
NT2 schulfernsehen
NT2 schulfunk
NT1 betriebsplanspiel
NT1 fallstudie
NT1 gruppendiskussion
NT1 programmierter unterricht
NT1 seminar

LEHRVERTRAG
BT1 bildungspolitik

LEINSAMEN
uf *flachs*
BT1 oelsaaten
BT2 feldfrucht

leistung
SEE **geldertrag**
OR **versicherungsleistung**

LESOTHO
BT1 suedliches afrika
BT2 afrika suedlich der sahara
BT3 afrika
rt commonwealth
rt englischsprachiges afrika

LIBANON
BT1 arabische laender
BT1 mittelmeerlaender
BT1 westasien
BT2 asien

liberalismus
USE **klassische wirtschaftstheorie**

LIBERIA
BT1 westafrika
BT2 afrika suedlich der sahara
BT3 afrika
rt englischsprachiges afrika

LIBYEN
BT1 arabische laender
BT1 mittelmeerlaender
BT1 nordafrika
BT2 afrika
rt englischsprachiges afrika

LIECHTENSTEIN
BT1 westeuropa
BT2 europa
rt efta

LIKOER
BT1 alkoholhaltiges getraenk
BT2 getraenk

LIMABOHNE
BT1 gartenbohne
BT2 leguminosen
BT3 gemuese

LINEARE PROGRAMMIERUNG
BT1 programmierung

LINSE
BT1 leguminosen
BT2 gemuese

LIQUIDITAET
BT1 wirtschaftlichkeitsanalyse

LOHNTARIF
BT1 arbeitswirtschaft

LOSELAGERUNG
BT1 lagerung

LOSETRANSPORT
BT1 foerdern

LUFTBEOBACHTUNG
BT1 agrarflug
rt fernerkundung durch satelliten
rt topographie

LUFTTRANSPORT
BT1 transport
rt agrarflug

LUFTVERSCHMUTZUNG
BT1 landwirtschaft als geschaedigte
BT2 umweltpolitik

LUXEMBURG
BT1 westeuropa
BT2 europa
rt belgien
rt europaeische gemeinschaften

LUZERNE
BT1 futterpflanze
BT2 feldfrucht

MACAO
BT1 ostasien
BT2 asien
rt portugal

MACHT
BT1 sozialsystem
NT1 autoritaet
NT1 fuehrung
NT1 politische macht
rt interessenvertretung

MADAGASKAR
BT1 suedliches afrika
BT2 afrika suedlich der sahara
BT3 afrika
rt franzoesischsprachiges afrika

MADEIRA
BT1 westeuropa
BT2 europa
rt portugal

MAGERMILCH
BT1 milch

MAGERMILCHPULVER
BT1 milchpulver
BT2 milchprodukt

MAIS
BT1 getreide
BT2 feldfrucht
NT1 koernermais
NT1 silomais

maisflocken
USE **kornflakes**

MAISMEHL
BT1 getreidemehl

MAISMEHL (C)
BT2 getreideerzeugnis

MAISOEL
BT1 pflanzenfett
BT2 fett

malaiischer bund
USE **malaysia**

MALAWI
BT1 ostafrika
BT2 afrika suedlich der sahara
BT3 afrika
BT1 suedliches afrika
rt commonwealth
rt englischsprachiges afrika

MALAYSIA
uf *malaiischer bund*
BT1 suedostasien
BT2 asien
rt commonwealth

MALEDIVEN
BT1 suedostasien
BT2 asien

MALI
BT1 westafrika
BT2 afrika suedlich der sahara
BT3 afrika
rt franzoesischsprachiges afrika

MALTA
BT1 mittelmeerlaender
BT1 westeuropa
BT2 europa
rt commonwealth

MANAGEMENT
BT1 menschliche ressourcen
BT2 wirtschaftl ressourcen
BT3 wirtschaftl lage
NT1 betriebsfuehrung
NT1 selbstverwaltung

MANDARINE
BT1 zitrusfrucht
BT2 obst

MANDEL
BT1 nuss
NT1 bittermandel
NT1 suesse mandel

MANGOFRUCHT
BT1 suedfrucht
BT2 obst

MANIOK
BT1 hackfrucht
BT2 feldfrucht

MARGARINE
BT1 ersatzlebensmittel
rt butter
rt fetterzeugnis

markenartikel
USE **warenzeichen**

MARKETING
NT1 ambulanter handel
NT1 bonus
NT1 marktteilung
NT1 rabatt
NT1 teilzahlungskauf
NT1 verkaufsfoerderung
NT2 kennzeichnung
NT3 guetezeichen
NT4 produktstandard
NT3 warenzeichen
NT2 produkteinfuehrung
NT2 produktgestaltung
NT2 produktimage
NT2 sonderangebot
NT2 werbung

MARKETING (C)
NT3 messe
NT3 reklame
NT1 versandhandel
NT1 versteigerung
rt kauf
rt verkauf

MARKKUERBIS
BT1 gemuese

MARKOV-KETTE
BT1 nichtoptimierungsverfahren
BT2 unternehmensforschung

MARKT
NT1 arbeitsmarkt
NT2 arbeitsmobilitaet
NT1 bodenmarkt
NT2 bodenmobilitaet
NT1 eg-markt
NT1 inlandsmarkt
NT1 kapitalmarkt
NT1 rohstoffmarkt
NT1 weltmarkt

MARKTAMT
(bundesamt fuer landw marktordnung)
BT1 handelspolitik

MARKTANTEIL
BT1 versorgungsbilanz
rt wettbewerb

MARKTBETRIEB
BT1 betriebssystem

MARKTFAKTOR
NT1 angebot
NT1 angebot und nachfrage
NT1 markttransparenz
NT2 preisberichterstattung
NT1 nachfrage
NT1 wettbewerb
NT2 vollstaendiger wettbewerb
NT2 wettbewerbsbeschraenkung
NT3 monopol
NT3 nachfragemonopo
NT3 nachfrageoligopol
NT3 oligopol
rt marktwirtschaft
rt wirtschaftstheorie

MARKTFORSCHUNG
NT1 marktstudie
NT1 verbraucherstudie
NT2 verbrauchermotivation
NT2 verbraucherpanel
rt absatz
rt absatzweg

marktgleichgewicht
USE **marktstabilisierung**

MARKTORDNUNG
BT1 agrarmarktpolitik
BT2 agrarpolitik
NT1 intervention

MARKTPLANUNG
BT1 planung

MARKTPREIS
BT1 preis

MARKTSTABILISIERUNG
uf marktgleichgewicht
BT1 agrarmarktpolitik
BT2 agrarpolitik
rt vorratsregulierung

MARKTSTANDARD
NT1 datierung
NT1 handelsklasse
NT1 qualitaetsstandard
NT1 quantitaetskontrolle
rt soziale norm

MARKTSTUDIE
BT1 marktforschung

MARKTTEILUNG
BT1 marketing

MARKTTRANSPARENZ
BT1 marktfaktor
NT1 preisberichterstattung

MARKTWIRTSCHAFT
uf freie wirtschaft
BT1 wirtschaftsystem
NT1 wettbewerbswirtschaft
rt marktfaktor

MARMELADE
BT1 obsterzeugnis

MAROKKO
BT1 arabische laender
BT1 mittelmeerlaender
BT1 nordafrika
BT2 afrika
rt franzoesischsprachiges afrika

MARTINIQUE
BT1 karibischer raum
BT2 amerika
rt frankreich

MARXISTISCHE WIRTSCHAFTSTHEORIE
BT1 oekonomische schule
BT2 wirtschaftstheorie

MASCHINE
BT1 maschinenausstattung
NT1 erntemaschine
NT2 vollerntemaschine
NT1 schlepper

MASCHINENAUSSTATTUNG
NT1 geraete
NT1 maschine
NT2 erntemaschine
NT3 vollerntemaschine
NT2 schlepper
rt anlagevermoegen
rt elektrifizierung
rt mechanisierung
rt produktionsmittel

MASCHINENGEMEINSCHAFT
BT1 betriebshilfsdienst
BT2 dienstleistungskooperation

maskat und oman
USE **oman**

MASSENGESELLSCHAFT
BT1 gesellschaft

MASSENMEDIEN
NT1 fernsehen
NT1 film
NT1 presse
NT2 agrarpresse
NT1 rundfunk
rt beratung
rt freizeitbeschaeftigung
rt information
rt kommunikation

massentierhaltung
USE **gewerbliche viehhaltung**

MAST
BT1 fuetterung
BT2 tierische produktionstechnik
NT1 extensivmast
NT1 intensivmast
NT1 stallmast
rt weidewirtschaft

MATETEE
BT1 alkoholfreies getraenk
BT2 getraenk

MATHEMATIK
NT1 boolesche algebra
NT1 finanzmathematik
NT2 versicherungsmathematik
NT1 integral-und differentialrechnung
NT1 matrizenrechnung
NT1 moderne mathematik
rt graphentheorie
rt kybernetik
rt systemanalyse

MATRIARCHAT
BT1 familienstruktur

MATRIZENRECHNUNG
BT1 mathematik

MAULWURFSVERTILGUNGSMITTEL
BT1 pestizid

MAURETANIEN
BT1 westafrika
BT2 afrika suedlich der sahara
BT3 afrika
rt franzoesischsprachiges afrika

MAURITIUS
BT1 suedliches afrika
BT2 afrika suedlich der sahara
BT3 afrika
rt commonwealth
rt englischsprachiges afrika

MECHANISIERUNG
NT1 instandhaltung
rt automation
rt landtechnik
rt maschinenausstattung

MEHRGENERATIONEN-FAMILIE
BT1 grossfamilie
BT2 familienstruktur

MEHRNAEHRSTOFFDUENGER
BT1 handelsduenger
BT2 duengemittel

MEHRWERTSTEUER
uf umsatzsteuer
BT1 indirekte steuer
BT2 steuerwesen
BT3 oeffentliche finanzen

MEHRZWECKGENOSSENSCHAFT
BT1 genossenschaft

MEINUNG
BT1 verhalten

melanesien
USE **ozeanien**

melioration
USE **bodenverbesserung**

MELIORATIONSGENOSSENSCHAFT
BT1 dienstleistungskooperation

MELKEN
BT1 tierische produktionstechnik

MELONE
BT1 obst

MENSCHLICHE RESSOURCEN
BT1 wirtschaftl ressourcen
BT2 wirtschaftl lage
NT1 arbeit
NT1 management
NT2 betriebsfuehrung
NT2 selbstverwaltung

MESSE
BT1 werbung
BT2 verkaufsfoerderung
BT3 marketing

MESSUNG
BT1 auswertung

METEOROLOGIE
rt klima

METHODE DER KLEINSTEN QUADRATE
BT1 statistische inferenz
BT2 analytische statistik
BT3 statistik

METHODOLOGIE

MEXIKO
sf *lateinamerika*
BT1 nordamerika
BT2 amerika
rt lafta

mikrofiche
USE **mikroform**

mikrofilm
USE **mikroform**

MIKROFORM
uf *mikrofiche*
uf *mikrofilm*
BT1 informationsspeicherung
BT2 informationsverarbeitung

MIKROKLIMA
BT1 klima

MILCH
uf *kuhmilch*
NT1 magermilch
rt milchprodukt
rt nahrungsmittel

MILCH-RINDFLEISCH-UMSTELLUNG
BT1 aenderung der produktionsstruktur
BT2 produktionspolitik

MILCHEIWEISS
BT1 milchprodukt

MILCHERSATZ
BT1 ersatzlebensmittel

MILCHFETT
uf *butterschmalz*
BT1 milchprodukt

MILCHKUH
BT1 kuh
BT2 rindvieh
rt milchviehhaltung

MILCHMISCHGETRAENK
BT1 milchprodukt

MILCHPRODUKT
NT1 butter
NT1 evaporierte milch
NT1 gezuckerte kondensmilch
NT1 kaese
NT2 hartkaese
NT2 schmelzkaese
NT2 weichkaese
NT1 milcheiweiss
NT1 milchfett
NT1 milchmischgetraenk
NT1 milchpulver
NT2 magermilchpulver
NT1 molke
NT1 rahm
NT1 sauermilch
NT2 buttermilch
NT2 joghurt
rt milch
rt nahrungsmittel

MILCHPULVER
uf *trockenmilch*
uf *vollmilchpulver*
BT1 milchprodukt
NT1 magermilchpulver

MILCHVIEHHALTUNG
BT1 rindviehhaltung
BT2 tierproduktion
BT3 betriebszweig
rt milchkuh

MILCHWIRTSCHAFT
BT1 lebensmittelindustrie

MINDESTPREIS
BT1 preis

MINERALISCHER ZUSATZSTOFF
BT1 zusatzstoff

MINICOMPUTER
BT1 computer
BT2 hardware

MINIMALBODENBEARBEITUNG
BT1 bodenbearbeitung
BT2 pflanzliche produktionstechnik
rt pflugloser anbau

mischbrot
USE **brot**

MISCHFUTTERMITTEL
BT1 gewerbliche futtermittel
BT2 futtermittel

MITGLIED
BT1 gruppe
NT1 person und gruppe
rt organisationen

MITGLIEDERGRUPPE
BT1 gruppe

MITTELAMERIKA
sf *lateinamerika*
BT1 amerika
NT1 belize
NT1 costa rica
NT1 dominikanische republik
NT1 el salvador
NT1 guatemala
NT1 haiti
NT1 honduras
NT1 jamaika
NT1 kuba
NT1 nicaragua
NT1 panama
NT1 panamakanal-zone
NT1 puerto rico
rt karibischer raum
rt suedamerika

MITTELBETRIEB
BT1 betriebstyp
BT2 betriebssystem
rt betriebsgroesse
rt familienbetrieb

MITTELFRISTIGER KREDIT
BT1 kredit
BT2 kreditverkehr

MITTELMEERLAENDER
NT1 aegypten
NT1 albanien
NT1 algerien
NT1 frankreich
NT2 frankreich (r. alsace)
NT2 frankreich (r. aquitaine)
NT2 frankreich (r. auvergne)
NT2 frankreich (r. basse normandie)
NT2 frankreich (r. bourgogne)
NT2 frankreich (r. bretagne)
NT2 frankreich (r. centre)
NT2 frankreich (r. champagne ardennes)
NT2 frankreich (r. corse)
NT2 frankreich (r. departements et terr
NT2 frankreich (r. franche comte)
NT2 frankreich (r. haute normandie)
NT2 frankreich (r. ile de france)
NT2 frankreich (r. languedoc roussillon
NT2 frankreich (r. limousin)

MITTELMEERLAENDER (C)
NT2 frankreich (r. lorraine)
NT2 frankreich (r. midi pyrenees)
NT2 frankreich (r. nord pas de calais)
NT2 frankreich (r. pays de la loire)
NT2 frankreich (r. picardie)
NT2 frankreich (r. poitou charentes)
NT2 frankreich (r. provence alpes cote
NT2 frankreich (r. rhone alpes)
NT1 gibraltar
NT1 griechenland
NT1 israel
NT1 italien
NT2 italien (abruzzi)
NT2 italien (basilicata)
NT2 italien (calabria)
NT2 italien (campania)
NT2 italien (emilia-romagna)
NT2 italien (friuli-venezia giulia)
NT2 italien (lazio)
NT2 italien (liguria)
NT2 italien (lombardia)
NT2 italien (marche)
NT2 italien (molise)
NT2 italien (piemonte)
NT2 italien (puglia)
NT2 italien (sardegna)
NT2 italien (sicilia)
NT2 italien (toscana)
NT2 italien (trentino-alto adige)
NT2 italien (umbria)
NT2 italien (valle d'aosta)
NT2 italien (veneto)
NT1 jugoslawien
NT1 libanon
NT1 libyen
NT1 malta
NT1 marokko
NT1 monaco
NT1 san marino
NT1 spanien
NT1 syrien
NT1 tuerkei
NT1 tunesien
NT1 zypern

mittelost
USE **westasien**

MITTELSCHICHT
BT1 soziale klasse
BT2 soziale schichtung
BT3 sozialstruktur

MITTELWERTSMERKMAL
BT1 beschreibende statistik
BT2 statistik
NT1 durchschnitt

MODELL
NT1 betriebsmodell
NT1 dynamisches modell
NT1 modell des internationalen handels
NT1 oekonometrisches modell
NT1 transportmodell

MODELL DES INTERNATIONALEN HANDELS
BT1 modell
BT1 optimierungsverfahren
BT2 unternehmensforschung

MODERNE MATHEMATIK
BT1 mathematik
rt graphentheorie

MOEHRE
BT1 gemuese

MOLKE
BT1 milchprodukt

MOLKEREIGENOSSENSCHAFT
BT1 genossenschaft

MONACO
BT1 mittelmeerlaender
BT1 westeuropa
BT2 europa

MONGOLEI
BT1 ostasien
BT2 asien
rt comecon

MONOPOL
BT1 wettbewerbsbeschraenkung
BT2 wettbewerb
BT3 marktfaktor

MONTE CARLO-PROGRAMMIERUNG
BT1 simulation
BT2 nichtoptimierungsverfahren
BT3 unternehmensforschung

MONTSERRAT
BT1 karibischer raum
BT2 amerika
rt vereinigtes koenigreich

MOSAMBIK
BT1 suedliches afrika
BT2 afrika suedlich der sahara
BT3 afrika
rt portugal

MOSCHAVIM
BT1 kollektiv
BT2 landw betrieb

MOTIVATION
BT1 entscheidungsfindung

MUEHLENINDUSTRIE
BT1 lebensmittelindustrie

MULTIKOLLINEARITAET
BT1 statistische inferenz
BT2 analytische statistik
BT3 statistik

MULTINATIONALES UNTERNEHMEN
BT1 unternehmen

musse
USE **freizeitbeschaeftigung**

MUTTER
BT1 eltern
BT2 familiengroesse
BT3 familie

MUTTERLOSE AUFZUCHT
BT1 aufzucht
BT2 tierische produktionstechnik

MUTTERSCHAF
BT1 schaf

NACHBARSCHAFT
BT1 kleingruppe
BT2 gruppengroesse
BT3 gruppe

NACHFRAGE
BT1 marktfaktor
rt angebot und nachfrage
rt haushaltungsverbrauch
rt verbrauch
rt versorgungsbilanz

NACHFRAGEFUNKTION
BT1 entscheidungsanalyse
BT2 parametrisches verfahren
BT3 oekonometrie

NACHFRAGEMONOPOL
BT1 wettbewerbsbeschraenkung
BT2 wettbewerb
BT3 marktfaktor

NACHFRAGEOLIGOPOL
BT1 wettbewerbsbeschraenkung
BT2 wettbewerb
BT3 marktfaktor

nachgelagerter bereich
USE **outputsektor**

nahost
USE **westasien**

NAHRUNGSBILANZ
BT1 versorgungsbilanz
rt ernaehrung
rt ernaehrungspolitik

NAHRUNGSMITTEL
BT1 produkt
rt backwaren
rt ei
rt eierzeugnis
rt fischerzeugnis
rt fleisch
rt fleischerzeugnis
rt gemueseerzeugnis
rt getraenk
rt getreideerzeugnis
rt honig
rt kakao
rt milch
rt milchprodukt
rt obsterzeugnis
rt schokolade
rt suesswaren
rt verzehrsfertiges lebensmittel
rt zucker
rt zusatzstoff

NAHRUNGSMITTELHILFE
BT1 entwicklungshilfe
rt ernaehrungspolitik

NAHRUNGSMITTELPREIS
BT1 preis
rt verbraucherpreis

NAHRUNGSMITTELPRODUKTION
BT1 betriebszweig
rt ernaehrungspolitik

NAHRUNGSWIRTSCHAFT
NT1 agribusiness
NT1 inputsektor
NT1 outputsektor

NAMIBIA
uf suedwestafrika
BT1 suedliches afrika
BT2 afrika suedlich der sahara
BT3 afrika
rt englischsprachiges afrika

NATION
rt nationalismus

NATIONALBEWUSSTSEIN
BT1 nationalismus

NATIONALCHARAKTER
BT1 nationalismus

NATIONALE AGRARPOLITIK
BT1 agrarpolitik
rt politik

NATIONALER FONDS
BT1 beihilfefonds

NATIONALISMUS
NT1 nationalbewusstsein
NT1 nationalcharakter
rt nation
rt politisches system

NATIONALPARK
BT1 oeffentlicher landbesitz
BT2 bodenordnung
rt freiraum

NATUERLICHE RESSOURCEN
BT1 wirtschaftl ressourcen
BT2 wirtschaftl lage
rt boden

NATURALHANDEL
BT1 handel

NATURALLOHN
BT1 entlohnung
BT2 arbeitswirtschaft

NATURKATASTROPHE
BT1 umwelt
rt landw katastrophe

NATURSCHUTZ
BT1 umweltpolitik

NAURU
BT1 ozeanien
rt commonwealth

NEBENBETRIEB
BT1 betriebszweig
rt fremdenverkehr
rt nebenerwerbsbetrieb

NEBENERWERBSBETRIEB
BT1 betriebstyp
BT2 betriebssystem
NT1 nebenerwerbslandwirt
rt ausserbetriebl erwerbstaetigkeit
rt nebenbetrieb

NEBENERWERBSLANDWIRT
uf zuerwerbslandwirt
BT1 nebenerwerbsbetrieb
BT2 betriebstyp
BT3 betriebssystem
rt ausserbetriebl erwerbstaetigkeit
rt nichtlandw einkommen

NEBENPRODUKT
BT1 produkt

NECTARINE
BT1 pfirsich
BT2 steinobst
BT3 obst

NEMATOZID
BT1 pestizid

NEOKLASSISCHE WIRTSCHAFTSTHEORIE
BT1 oekonomische schule
BT2 wirtschaftstheorie

NEPAL
BT1 suedostasien
BT2 asien

NETZPLANANALYSE
BT1 plandurchfuehrung und evaluierung
BT2 unternehmensforschung

NEUBEPFLANZUNG
BT1 bodenbearbeitung
BT2 pflanzliche produktionstechnik
rt pflanzung

NEUE HEBRIDEN
BT1 ozeanien
rt pazifische inseln fr
rt pazifische inseln gb

NEUINVESTITION
BT1 investition
BT2 lage der landwirtschaft

NEUKALEDONIEN
BT1 pazifische inseln fr
BT2 ozeanien

NEULAND
BT1 boden
NT1 polder
rt accession

NEUSEELAND
BT1 ozeanien
rt commonwealth
rt pazifische inseln nz

NICARAGUA
BT1 mittelamerika

NICARAGUA (C)
BT2 amerika
rt cacm

NICHT FREI KONVERTIERBARE WAEHRUNG
BT1 waehrung

NICHT-ERWERBSTAETIGE
BT1 bevoelkerungsstruktur
BT2 bevoelkerung
NT1 altenteiler
NT1 arbeitsloser

NICHTANPASSUNG
BT1 soziale anpassung
BT2 sozialisation
rt soziale krise

NICHTLANDW EINKOMMEN
BT1 unternehmereinkommen
BT2 betriebserfolg
rt ausserbetriebl erwerbstaetigkeit
rt nebenerwerbslandwirt

NICHTLINEARE PROGRAMMIERUNG
BT1 programmierung

NICHTOPTIMIERUNGSVERFAHREN
BT1 unternehmensforschung
NT1 input-output-analyse
NT1 kosten-nutzen-analyse
NT1 markov-kette
NT1 planung-programmier-finanzier-syst
NT1 simulation
NT2 monte carlo-programmierung
NT1 spieltheorie
NT1 systemanalyse
NT1 voranschlagsplanung
rt planung
rt programmierung

NICHTPARAMETRISCHES VERFAHREN
BT1 oekonometrie

NICHTSTAENDIGE ARBEITSKRAFT
BT1 fremdarbeitskraft
BT2 landw arbeitskraft

NICHTTARIFAERE HANDELSSCHRANKEN
NT1 steuerabkommen
rt handelsschranken

NICHTVERMARKTUNGSPRAEMIE
BT1 beihilfe
BT2 agrarfinanzpolitik

NIEDERLAENDISCHE ANTILLEN
uf antillen (niederlaendische)
BT1 karibischer raum
BT2 amerika
rt niederlande

NIEDERLANDE
uf holland
BT1 westeuropa
BT2 europa
NT1 niederlande (drenthe)
NT1 niederlande (friesland)
NT1 niederlande (gelderland)
NT1 niederlande (groningen)
NT1 niederlande (noord-brabant)
NT1 niederlande (noord-holland)
NT1 niederlande (overijssel)
NT1 niederlande (utrecht)
NT1 niederlande (zeeland)
NT1 niederlande (zuid-holland)
NT1 niederlande (zuid-limburg)
rt belgien
rt europaeische gemeinschaften
rt niederlaendische antillen
rt surinam

NIEDERLANDE (DRENTHE)
BT1 niederlande
BT2 westeuropa
BT3 europa

NIEDERLANDE (FRIESLAND)
BT1 niederlande
BT2 westeuropa
BT3 europa

NIEDERLANDE (GELDERLAND)
BT1 niederlande
BT2 westeuropa
BT3 europa

NIEDERLANDE (GRONINGEN)
BT1 niederlande
BT2 westeuropa
BT3 europa

NIEDERLANDE (NOORD-BRABANT)
BT1 niederlande
BT2 westeuropa
BT3 europa

NIEDERLANDE (NOORD-HOLLAND)
BT1 niederlande
BT2 westeuropa
BT3 europa

NIEDERLANDE (OVERIJSSEL)
BT1 niederlande
BT2 westeuropa
BT3 europa

NIEDERLANDE (UTRECHT)
BT1 niederlande
BT2 westeuropa
BT3 europa

NIEDERLANDE (ZEELAND)
BT1 niederlande
BT2 westeuropa
BT3 europa

NIEDERLANDE (ZUID-HOLLAND)
BT1 niederlande
BT2 westeuropa
BT3 europa

NIEDERLANDE (ZUID-LIMBURG)
BT1 niederlande
BT2 westeuropa
BT3 europa

NIEDERSCHLAG
BT1 klimafaktor
NT1 hagel
NT1 regen
NT1 schnee

NIESSBRAUCH
BT1 eigentum

NIGER
BT1 westafrika
BT2 afrika suedlich der sahara
BT3 afrika
rt franzoesischsprachiges afrika

NIGERIA
BT1 westafrika
BT2 afrika suedlich der sahara
BT3 afrika
rt commonwealth
rt englischsprachiges afrika

NOMADE
BT1 wanderweide
BT2 gesellschaft
rt wandertierhaltung
rt wueste

NON-FOOD-INDUSTRIE
(verarbeitung landw, nicht der ernaehrung dienender produkte)
NT1 holzindustrie
NT1 kautschuckindustrie
NT1 lederindustrie
NT1 papierindustrie
NT1 tabakindustrie
NT1 textilindustrie
NT2 baumwollindustrie

NON-FOOD-INDUSTRIE (C)
NT3 baumwollentkoernung
NT2 wollindustrie
rt industrie
rt verarbeitung

NORDAFRIKA
BT1 afrika
NT1 aegypten
NT1 algerien
NT1 libyen
NT1 marokko
NT1 tunesien
rt arabische laender

NORDAMERIKA
BT1 amerika
NT1 bermudas
NT1 groenland
NT1 kanada
NT1 mexiko
NT1 st pierre und miquelon
NT1 usa

nordirland
USE **gb (n.ireland)**

nordkorea
USE **korea dvr**

nordvietnam
USE **vietnam**

NORMATIVE PLANUNG
BT1 planung

NORWEGEN
BT1 skandinavien
BT2 westeuropa
BT3 europa
rt antarktis
rt efta

NUSS
NT1 esskastanie
NT1 haselnuss
NT1 hickorynuss
NT1 kaschunuss
NT1 kokosnuss
NT1 kolanuss
NT1 mandel
NT2 bittermandel
NT2 suesse mandel
NT1 paranuss
NT1 pekannuss
NT1 pistazie
NT1 sheanuss
NT1 walnuss
rt obst

NUSSERZEUGNIS
BT1 obsterzeugnis

NUTZFUNKTION
BT1 entscheidungsanalyse
BT2 parametrisches verfahren
BT3 oekonometrie

NUTZUNGSBESCHRAENKUNG
BT1 eigentumsbeschraenkung
BT2 eigentum

NUTZUNGSRECHT

OBERSCHICHT
BT1 soziale klasse
BT2 soziale schichtung
BT3 sozialstruktur

OBERVOLTA
BT1 westafrika
BT2 afrika suedlich der sahara
BT3 afrika
rt franzoesischsprachiges afrika

OBST
NT1 beerenobst
NT2 blaubeere

OBST (C)
NT2 brombeere
NT2 erdbeere
NT2 himbeere
NT2 rote johannisbeere
NT2 schwarze johannisbeere
NT2 stachelbeere
NT1 feige
NT1 frischobst
NT1 granatapfel
NT1 kaki
NT1 kernobst
NT2 apfel
NT2 birne
NT2 quitte
NT1 melone
NT1 rhabarber
NT1 steinobst
NT2 aprikose
NT2 kirsche
NT2 olive
NT2 pfirsich
NT3 nectarine
NT2 pflaume
NT1 suedfrucht
NT2 ananas
NT2 avocado
NT2 banane
NT2 dattel
NT2 gujava
NT2 mangofrucht
NT2 papayafrucht
NT2 passionsfrucht
NT1 trauben
NT1 wassermelone
NT1 wildfrucht
NT1 zitrusfrucht
NT2 clementine
NT2 mandarine
NT2 orange
NT2 pampelmuse
NT2 zitrone
rt nuss
rt trockenfrucht

OBSTBAU
BT1 gartenbau
BT2 pflanzenproduktion
BT3 betriebszweig
rt obstflaeche

OBSTERZEUGNIS
NT1 fruchtsaft
NT1 marmelade
NT1 nusserzeugnis
NT1 orangenmarmelade
NT1 trockenfrucht
NT2 rosine
NT2 trockenpflaume
rt nahrungsmittel
rt verzehrsfertiges lebensmittel

OBSTFLAECHE
BT1 boden
rt obstbau

OECD
(organization for economic co-operation and development)
BT1 organisationen

OEDLAND
BT1 boden

OEFFENTLICHE ANLEIHE
BT1 anleihe
BT2 kreditverkehr
rt oeffentliche finanzen
rt zinsverbilligung

OEFFENTLICHE DIENSTLEISTUNG
BT1 tertiaerer sektor
BT2 wirtschaftssektor

OEFFENTLICHE FINANZEN
NT1 agrarhaushalt
NT1 steuerwesen
NT2 direkte steuer

OEFFENTLICHE FINANZEN (C)
NT3 einkommensteuer
NT3 erbschaftssteuer
NT3 kapitalertragssteuer
NT4 grundsteuer
NT3 koerperschaftssteuer
NT2 indirekte steuer
NT3 grundverkehrssteuer
NT3 mehrwertsteuer
NT3 verbrauchssteuer
NT2 steuer
rt oeffentliche anleihe
rt oeffentliche verschuldung

OEFFENTLICHE INSTITUTION
BT1 verwaltung

OEFFENTLICHE VERSCHULDUNG
BT1 verschuldung
BT2 kreditverkehr
rt oeffentliche finanzen

OEFFENTLICHER LANDBESITZ
BT1 bodenordnung
NT1 gemeindeland
NT1 nationalpark
NT1 staatswald

OEFFENTLICHES EIGENTUM
BT1 eigentum

OEFFENTLICHKEITSARBEIT
BT1 information

OEKOLOGIE
BT1 umwelt

OEKONOMETRIE
NT1 nichtparametrisches verfahren
NT1 parametrisches verfahren
NT2 entscheidungsanalyse
NT3 angebotsfunktion
NT3 elastizitaet
NT3 flexibilitaet
NT3 investitionsfunktion
NT3 nachfragefunktion
NT3 nutzfunktion
NT3 produktionsfunktion
NT3 sparkfunktion
NT3 verbrauchsfunktion
NT2 simultane gleichungsanalyse
rt soziologische methode
rt unternehmensforschung

OEKONOMETRISCHES MODELL
BT1 modell

OEKONOMISCHE SCHULE
BT1 wirtschaftstheorie
NT1 keynestheorie
NT1 klassische wirtschaftstheorie
NT1 marxistische wirtschaftstheorie
NT1 neoklassische wirtschaftstheorie

OEL- UND FETTINDUSTRIE
BT1 lebensmittelindustrie
rt fett

OELKUCHEN
BT1 gewerbliche futtermittel
BT2 futtermittel

OELSAATEN
BT1 feldfrucht
NT1 erdnuss
NT1 leinsamen
NT1 raps
NT1 rizinus
NT1 senf
NT1 sesam
NT1 sojabohne
rt industriepflanze

OESTERREICH
BT1 westeuropa
BT2 europa
rt efta

OKRA
BT1 gemuese

OLIGOPOL
BT1 wettbewerbsbeschraenkung
BT2 wettbewerb
BT3 marktfaktor

OLIVE
BT1 steinobst
BT2 obst

OLIVENOEL
BT1 pflanzenfett
BT2 fett

OMAN
uf maskat und oman
BT1 westasien
BT2 asien

OPTIMIERUNGSVERFAHREN
BT1 unternehmensforschung
NT1 modell des internationalen handels
NT1 transportmodell
rt ganzzahlige programmierung
rt planung
rt programmierung

ORANGE
BT1 zitrusfrucht
BT2 obst

ORANGENMARMELADE
BT1 obsterzeugnis

ORGANISATIONEN
NT1 akp-laender
NT1 cacm
NT1 comecon
NT1 efta
NT1 europaeische gemeinschaften
NT1 europaeisches parlament
NT1 fao
NT1 lafta
NT1 oecd
NT1 un
NT1 unesco
NT1 weltbank
NT1 who
rt interessengruppe
rt mitglied

ORGANISCHER DUENGER
BT1 duengemittel
NT1 gruenduenger
NT1 guano
NT1 guelle
NT1 stallmist
rt tierischer abfall

ORIENTIERUNGSPREIS
BT1 agrarpreis
BT2 preis
BT1 preis

OSTAFRIKA
BT1 afrika suedlich der sahara
BT2 afrika
NT1 aethiopien
NT1 afar-issa-territorium
NT1 burundi
NT1 kenia
NT1 malawi
NT1 ruanda
NT1 seychellen
NT1 somalia
NT1 sudan
NT1 tansania
NT1 uganda

OSTASIEN
BT1 asien
NT1 china
NT1 hongkong
NT1 japan
NT1 korea dvr
NT1 korea r

OSTASIEN (C)
NT1 macao
NT1 mongolei

OSTEUROPA
BT1 europa
NT1 albanien
NT1 bjelorussische republik
NT1 bulgarien
NT1 deutsche demokratische republik
NT1 jugoslawien
NT1 polen
NT1 rumaenien
NT1 tschechoslowakei
NT1 udssr
NT1 ukraine
NT1 ungarn

OUTPUTSEKTOR
uf *nachgelagerter bereich*
BT1 nahrungswirtschaft
rt lebensmittelindustrie

OVIZID
BT1 pestizid

OZEANIEN
uf *australasien*
uf *melanesien*
uf *polynesien*
sf *pazifische inseln*
NT1 australien
NT1 fidschi
NT1 nauru
NT1 neue hebriden
NT1 neuseeland
NT1 papua neuguinea
NT1 pazifische inseln au
NT1 pazifische inseln fr
NT2 franzoesisch-polynesien
NT2 neukaledonien
NT1 pazifische inseln gb
NT1 pazifische inseln nz
NT1 pazifische inseln us
NT1 tonga
NT1 westsamoa

PACHT
uf *pachtrecht+*
BT1 grundbesitzverhaeltnisse
NT1 pachtvertrag
rt pachtpreis

PACHTAUFLOESUNG
NT1 pachtruecknahme
rt vorkaufsrecht

PACHTDAUER
rt landw pachtwesen

PACHTPREIS
BT1 bewertung
rt pacht

pachtrecht+
USE **gesetz**
AND **pacht**

PACHTRUECKNAHME
BT1 pachtaufloesung
rt eigentuemer
rt landw pachtwesen

PACHTVERTRAG
BT1 pacht
BT2 grundbesitzverhaeltnisse
rt landw pachtwesen

PAECHTER
rt eigentuemer
rt landw pachtwesen
rt rechte des paechters

PAKISTAN
BT1 suedostasien
BT2 asien

PALMOEL
BT1 pflanzenfett
BT2 fett

pampas
USE **praerie**

PAMPELMUSE
BT1 zitrusfrucht
BT2 obst

PANAMA
BT1 mittelamerika
BT2 amerika

PANAMAKANAL-ZONE
BT1 mittelamerika
BT2 amerika

PAPAYAFRUCHT
BT1 suedfrucht
BT2 obst

PAPIERINDUSTRIE
BT1 non-food-industrie
rt forstprodukt

PAPRIKASCHOTE
BT1 gemuese

PAPUA NEUGUINEA
BT1 ozeanien
rt commonwealth

PARAGUAY
BT1 suedamerika
BT2 amerika
rt lafta

PARAMETRISCHE PROGRAMMIERUNG
BT1 programmierung

PARAMETRISCHES VERFAHREN
BT1 oekonometrie
NT1 entscheidungsanalyse
NT2 angebotsfunktion
NT2 elastizitaet
NT2 flexibilitaet
NT2 investitionsfunktion
NT2 nachfragefunktion
NT2 nutzfunktion
NT2 produktionsfunktion
NT2 sparkfunktion
NT2 verbrauchsfunktion
NT1 simultane gleichungsanalyse

PARANUSS
BT1 nuss

PARASIT
rt pestizid
rt pflanzenkrankheit
rt tierkrankheit

PARITAET
BT1 lage der landwirtschaft
rt einkommensverteilung

PARLAMENT
BT1 demokratie
BT2 politisches system
rt europaeisches parlament

PARTNERSCHAFT
BT1 familienstruktur

PARZELLENGROESSE
BT1 betriebsgroesse
rt flurbereinigung

PASSIONSFRUCHT
BT1 suedfrucht
BT2 obst

PASSIVA
BT1 bilanz
BT2 bilanzanalyse
NT1 eigenkapital

PASSIVA (C)
NT1 fremdkapital
NT1 rechnungsabgrenzung
NT2 konsolidierte bilanz
NT1 rueckstellung

PASTINAKE
BT1 gemuese

PATRIARCHAT
BT1 familienstruktur

pazifische inseln
SEE **ozeanien**
OR **pazifische inseln au**
OR **pazifische inseln fr**
OR **pazifische inseln gb**
OR **pazifische inseln us**

PAZIFISCHE INSELN AU
sf *pazifische inseln*
BT1 ozeanien
rt australien

PAZIFISCHE INSELN FR
sf *pazifische inseln*
BT1 ozeanien
NT1 franzoesisch-polynesien
NT1 neukaledonien
rt frankreich
rt neue hebriden

PAZIFISCHE INSELN GB
sf *pazifische inseln*
BT1 ozeanien
rt neue hebriden
rt vereinigtes koenigreich

PAZIFISCHE INSELN NZ
BT1 ozeanien
rt neuseeland

PAZIFISCHE INSELN US
sf *pazifische inseln*
BT1 ozeanien
rt usa

PEKANNUSS
BT1 nuss

PENDELWANDERUNG
BT1 geographische mobilitaet
BT2 wanderung

PERLGRAUPEN
BT1 getreideerzeugnis

PERSON
uf *individuum*
NT1 charakter
NT1 identitaet
NT1 selbsteinschaetzung
NT1 selbsterkenntnis
NT1 zwischenmenschliche beziehungen

PERSON UND GRUPPE
BT1 mitglied
BT2 gruppe

PERT
BT1 plandurchfuehrung und evaluierung
BT2 unternehmensforschung

PERU
BT1 suedamerika
BT2 amerika
rt lafta

PESTIZID
NT1 akarizid
NT1 bakterizid
NT1 corvizid
NT1 fungizid
NT1 insektizid
NT1 larvizid
NT1 maulwurfsvertilgungsmittel
NT1 nematozid
NT1 ovizid

PESTIZID (C)
NT1 rodentizid
NT1 selektives herbizid
NT1 unkrautbekaempfuegsmittel
NT1 virusbekaempfungsmittel
rt parasit
rt phytotoxizitaet
rt produktionsmittel

PFERD
NT1 fohlen
NT1 hengst
NT1 stute
NT1 wallach
rt pferdehaltung

PFERDEBOHNE
BT1 gartenbohne
BT2 leguminosen
BT3 gemuese

PFERDEFLEISCH
BT1 fleisch

PFERDEHALTUNG
BT1 tierproduktion
BT2 betriebszweig
rt pferd

PFIRSICH
BT1 steinobst
BT2 obst
NT1 nectarine

PFLANZENEIWEISS
BT1 eiweiss

PFLANZENFETT
uf *pflanzenoel*
BT1 fett
NT1 baumwolloel
NT1 erdnussoel
NT1 kokosnussoel
NT1 maisoel
NT1 olivenoel
NT1 palmoel
NT1 sojaoel
NT1 sonnenblumenoel

PFLANZENKRANKHEIT
rt gesundheitsrecht
rt parasit

pflanzenoel
USE **pflanzenfett**

PFLANZENPFLEGE
BT1 pflanzliche produktionstechnik
NT1 astreinigung
NT1 biologischer pflanzenschutz
NT1 integrierter pflanzenschutz
NT1 pfropfen
NT1 schaedlingsbekaempfung
NT1 unkrautbekaempfung
NT1 vereinzeln

PFLANZENPRODUKTION
uf *anbauplan+*
BT1 betriebszweig
NT1 ackerbau
NT1 futterbau
NT1 gartenbau
NT2 baumschule
NT2 gemuesebau
NT2 obstbau
NT2 zierpflanzenbau
NT1 waldbau
NT1 weidehaltung
NT1 weinbau

PFLANZENSCHUTZVERFAHREN
NT1 abbrennen
NT1 ausjaeten
NT1 begasung
NT1 spritzung
rt integrierter pflanzenschutz

PFLANZENZUCHT
NT1 hybridzucht
NT1 pflanzgut
NT1 saatgut
NT1 sorte
NT2 hochzuchtsorte

PFLANZGUT
BT1 pflanzenzucht
rt pflanzung
rt produktionsmittel

PFLANZLICHE PRODUKTIONSTECHNIK
sf *produktionstechnik*
NT1 bodenbearbeitung
NT2 eggen
NT2 minimalbodenbearbeitung
NT2 neubepflanzung
NT2 pflanzung
NT2 pfluegen
NT2 pflugloser anbau
NT2 saeen
NT2 untergrundlockerung
NT2 walzen
NT1 bodenverbesserung
NT2 beregnung
NT2 bewaesserung
NT2 bodenschutz
NT2 duengung
NT2 entwaesserung
NT1 ernte
NT1 fruchtfolge
NT1 pflanzenpflege
NT2 astreinigung
NT2 biologischer pflanzenschutz
NT2 integrierter pflanzenschutz
NT2 pfropfen
NT2 schaedlingsbekaempfung
NT2 unkrautbekaempfung
NT2 vereinzeln
NT1 rodung
rt bodennutzung

PFLANZUNG
BT1 bodenbearbeitung
BT2 pflanzliche produktionstechnik
rt neubepflanzung
rt pflanzgut

PFLAUME
BT1 steinobst
BT2 obst

PFLUEGEN
BT1 bodenbearbeitung
BT2 pflanzliche produktionstechnik

PFLUGLOSER ANBAU
BT1 bodenbearbeitung
BT2 pflanzliche produktionstechnik
rt minimalbodenbearbeitung

PFROPFEN
BT1 pflanzenpflege
BT2 pflanzliche produktionstechnik

PHILIPPINEN
BT1 suedostasien
BT2 asien

PHOSPHAT
BT1 handelsduenger
BT2 duengemittel

PHYTOTOXIZITAET
rt pestizid

PISTAZIE
BT1 nuss

PLANDURCHFUEHRUNG UND EVALUIERUNG
BT1 unternehmensforschung
NT1 cash-flow-analyse
NT1 kritischer pfad
NT1 netzplananalyse
NT1 pert
NT1 warteschlange
rt planung

PLANTAGE
BT1 betriebstyp
BT2 betriebssystem

PLANUNG
uf *planungsrecht+*
NT1 entwicklungsplanung
NT2 entwicklungsprojekt
NT1 indikative planung
NT1 interregionale planung
NT1 intersektorale planung
NT1 kommunale planung
NT1 landw planung
NT1 marktplanung
NT1 normative planung
NT1 planung im laendlichen raum
NT2 landw bauen
NT2 zentraler ort
NT1 raumordnung
NT1 raumplanung
NT2 abgrenzung laendlicher raeume
NT2 freiraum
NT1 sektorale planung
NT1 staatliche planung
rt arbeitsplanung
rt auswertung
rt betriebsplanung
rt nichtoptimierungsverfahren
rt optimierungsverfahren
rt plandurchfuehrung und evaluierung
rt unternehmensforschung

PLANUNG IM LAENDLICHEN RAUM
BT1 planung
NT1 landw bauen
NT1 zentraler ort
rt infrastruktur
rt laendliche industrie

PLANUNG-PROGRAMMIER-FINANZIER-SYST
(planungsprogrammierung und finanzierungsystem)
BT1 nichtoptimierungsverfahren
BT2 unternehmensforschung

planungsrecht+
USE **gesetz**
AND **planung**

PLANWIRTSCHAFT
BT1 wirtschaftsystem

PLURALISTISCHE GESELLSCHAFT
BT1 gesellschaft

POLDER
BT1 neuland
BT2 boden

POLEN
BT1 osteuropa
BT2 europa
rt comecon

POLITIK
(im weitesten sinn, soweit kein spezifischer deskriptor vorhanden ist)
rt agrarfinanzpolitik
rt agrarmarktpolitik
rt agrarpolitik
rt agrarpreispolitik
rt agrarsozialpolitik
rt agrarstrukturpolitik
rt bildungspolitik
rt eg-agrarpolitik
rt entwicklungspolitik
rt ernaehrungspolitik
rt forschungspolitik
rt forstpolitik
rt handelspolitik
rt intervention
rt investitionspolitik
rt kreditpolitik
rt nationale agrarpolitik
rt produktionspolitik
rt regionale agrarpolitik
rt sozialpolitik
rt stuetzungspolitik

POLITIK (C)
rt umweltpolitik
rt waehrungspolitik

POLITISCHE EINSTELLUNG
BT1 einstellung
BT2 verhalten
rt kollektivverhalten

POLITISCHE MACHT
BT1 macht
BT2 sozialsystem

POLITISCHES SYSTEM
NT1 demokratie
NT2 parlament
NT1 diktatur
NT1 feudalismus
NT1 foederalismus
NT1 imperialismus
NT2 kolonialismus
NT1 kapitalismus
NT1 kommunismus
NT1 sozialismus
rt nationalismus

polynesien
USE **ozeanien**

PORREE
BT1 gemuese

PORTUGAL
BT1 westeuropa
BT2 europa
rt angola
rt azoren
rt efta
rt kap verde
rt macao
rt madeira
rt mosambik
rt portugiesisch-timor
rt sao tome und principe

PORTUGIESISCH-TIMOR
BT1 suedostasien
BT2 asien
rt portugal

PRAEFERENZABKOMMEN
BT1 handelsvertrag
BT2 handelspolitik

PRAERIE
uf pampas
uf savanne
BT1 gruenland
BT2 boden

PRAKTIKUM
BT1 berufsausbildung
BT2 bildung

PREIS
NT1 agrarpreis
NT2 erzeugermindestpreis
NT2 interventionspreis
NT2 orientierungspreis
NT1 ausloesungspreis
NT1 durchschnittspreis
NT1 einschleusungspreis
NT1 einzelhandelspreis
NT1 erzeugerpreis
NT1 grosshandelspreis
NT1 grundpreis
NT1 hoechstpreis
NT1 kaufpreis
NT1 kosten-preis
NT1 marktpreis
NT1 mindestpreis
NT1 nahrungsmittelpreis
NT1 orientierungspreis
NT1 produktionsmittelpreis
NT1 referenzpreis
NT1 regulierter preis
NT1 richtpreis
NT1 ruecknahmepreis

PREIS (C)
NT1 schwellenpreis
NT1 stoppreis
NT1 verbraucherpreis
NT1 verkaufspreis
NT1 zielpreis
rt agrarpreispolitik

PREISBERICHTERSTATTUNG
BT1 markttransparenz
BT2 marktfaktor

PREISBILDUNG
NT1 preiselastizitaet
NT1 preisfestsetzung
NT1 preiskontrolle
NT1 preisstabilisierung
NT1 preisstuetzung

PREISDISKRIMINIERUNG
BT1 diskriminierung
BT2 protektionismus

PREISELASTIZITAET
BT1 preisbildung
rt elastizitaet

PREISFESTSETZUNG
BT1 preisbildung

PREISKONTROLLE
BT1 preisbildung

PREISSTABILISIERUNG
BT1 preisbildung

PREISSTUETZUNG
BT1 preisbildung

PRESSE
BT1 massenmedien
NT1 agrarpresse

PRIMAERER SEKTOR
BT1 wirtschaftssektor
NT1 agrarsektor

primaerliteratur
USE **veroeffentlichung**

primarbildung
USE **grundschulbildung**

principe
USE **sao tome und principe**

PRIVATANLEIHE
BT1 anleihe
BT2 kreditverkehr
NT1 bankdarlehen
NT1 hypothek

PRIVATE FORSCHUNG
uf industrieforschung
BT1 forschung

PRIVATE INSTITUTION
BT1 verwaltung

PRIVATE KAPITALANLAGE
BT1 investition
BT2 lage der landwirtschaft

PRIVATE LANDWIRTSCHAFT
(in sozialist landern)
BT1 landw betrieb

PRIVATEIGENTUM
BT1 eigentum

PRIVATUNTERNEHMEN
BT1 unternehmen
NT1 handelsgesellschaft
NT1 teilhabergesellschaft
rt genossenschaft

PRIVATWALD
BT1 waldeigentum

PRIVATWALD (C)
rt forstflaeche

PRO-KOPF-VERBRAUCH
BT1 verbrauch

PRODUKT
NT1 agrarprodukt
NT1 basisprodukt
NT1 nahrungsmittel
NT1 nebenprodukt
NT1 rohstoff
NT2 forstprodukt
NT1 verarbeitungsprodukt

PRODUKTEINFUEHRUNG
BT1 verkaufsfoerderung
BT2 marketing

PRODUKTGESTALTUNG
BT1 verkaufsfoerderung
BT2 marketing
rt verpackung

PRODUKTIMAGE
BT1 verkaufsfoerderung
BT2 marketing

PRODUKTION
uf agrarproduktion
NT1 inlandsproduktion
rt angebot
rt produktionspolitik

PRODUKTIONSERGEBNIS
BT1 wirtschaftsrechnung

PRODUKTIONSFAKTOR
BT1 betriebsanalyse
rt arbeit
rt boden
rt kapital

PRODUKTIONSFUNKTION
BT1 entscheidungsanalyse
BT2 parametrisches verfahren
BT3 oekonometrie

PRODUKTIONSGENOSSENSCHAFT
BT1 genossenschaft
rt kollektiv

PRODUKTIONSKOSTEN
uf vollkosten
BT1 kosten
BT2 kostenanalyse
NT1 festkosten
NT1 gesamtkosten
NT1 istkosten
NT1 kalkulatorische kosten
NT1 spezialkosten
NT1 variable kosten
rt kosten-preis

PRODUKTIONSLENKUNG
BT1 produktionspolitik
NT1 agro-industrielle beziehung
NT1 produktionsrichtlinie
NT1 produktionsueberschuss
rt kontingentierung

PRODUKTIONSMITTEL
uf betriebsmittel
rt duengemittel
rt futtermittel
rt maschinenausstattung
rt pestizid
rt pflanzgut
rt saatgut
rt selektives herbizid
rt treibstoff
rt wirtschaftsgebaeude

PRODUKTIONSMITTELPREIS
BT1 preis

PRODUKTIONSPOLITIK
NT1 aenderung der produktionsstruktur

PRODUKTIONSPOLITIK (C)
NT2 landwirtschaft-gartenbau
NT2 milch-rindfleisch-umstellung
NT1 flaechenstillegung
NT1 produktionslenkung
NT2 agro-industrielle beziehung
NT2 produktionsrichtlinie
NT2 produktionsueberschuss
NT1 produktionsstandort
rt agrarpolitik
rt agrarstrukturpolitik
rt politik
rt produktion

PRODUKTIONSPOTENTIAL
BT1 wirtschaftl ressourcen
BT2 wirtschaftl lage
rt kapazitaetsausnutzung

PRODUKTIONSRICHTLINIE
BT1 produktionslenkung
BT2 produktionspolitik

PRODUKTIONSSTANDORT
uf anbaugebiet
uf regionale agrarproduktion
BT1 produktionspolitik
rt standorttheorie

PRODUKTIONSSTRUKTUR
BT1 agrarstruktur
rt struktur

produktionstechnik
SEE **pflanzliche produktionstechnik**
OR **tierische produktionstechnik**

PRODUKTIONSUEBERSCHUSS
BT1 produktionslenkung
BT2 produktionspolitik
rt kontingentierung
rt vorrat

PRODUKTIVITAET
BT1 lage der landwirtschaft
BT1 wirtschaftlichkeitsanalyse
NT1 arbeitsproduktivitaet
NT1 flaechenproduktivitaet
NT1 kapitalproduktivitaet
rt ertrag

PRODUKTSTANDARD
BT1 guetezeichen
BT2 kennzeichnung
BT3 verkaufsfoerderung
BT4 marketing

PROFILDIENST
BT1 informationssuche

PROGNOSE
NT1 projektion

PROGRAMMIERTER UNTERRICHT
BT1 lehrmethode

PROGRAMMIERUNG
NT1 computer programmierung
NT1 dynamische programmierung
NT1 ganzzahlige programmierung
NT1 konkave programmierung
NT1 konvexe programmierung
NT1 lineare programmierung
NT1 nichtlineare programmierung
NT1 parametrische programmierung
NT1 quadratische programmierung
NT1 rekursive programmierung
NT1 stochastische programmierung
rt nichtoptimierungsverfahren
rt optimierungsverfahren
rt programmkontrolle

PROGRAMMKONTROLLE
BT1 unternehmensforschung
NT1 altai-programm
NT1 budgetkontrolle
rt programmierung

PROJEKTION
BT1 prognose

proletariat
USE **unterschicht**

PROTEKTIONISMUS
uf agrarschutz
NT1 diskriminierung
NT2 boykott
NT2 dumping
NT2 embargo
NT2 preisdiskriminierung
NT1 handelsschranken
NT2 ausfuhrbeschraenkung
NT1 kontingentierung

publikation
USE **veroeffentlichung**

PUERTO RICO
BT1 karibischer raum
BT2 amerika
BT1 mittelamerika
rt usa

PUFFBOHNE
BT1 gartenbohne
BT2 leguminosen
BT3 gemuese

PUTE
BT1 gefluegel

QUADRATISCHE PROGRAMMIERUNG
BT1 programmierung

QUALITAET
uf geschmackstest +
rt guetezeichen
rt qualitaetsstandard

QUALITAETSBEZEICHNUNG
uf appellation controlee
BT1 qualitaetskontrolle
BT2 verbraucherschutz

QUALITAETSKONTROLLE
BT1 verbraucherschutz
NT1 herkunftsbezeichnung
NT1 qualitaetsbezeichnung
rt lebensmitteluerberwachung

QUALITAETSSTANDARD
BT1 marktstandard
rt qualitaet

QUALITAETSWEIN
BT1 wein
BT2 alkoholhaltiges getraenk
BT3 getraenk

QUANTITAETSKONTROLLE
BT1 marktstandard

QUERSCHNITTSANALYSE
BT1 statistische inferenz
BT2 analytische statistik
BT3 statistik

QUITTE
BT1 kernobst
BT2 obst

RABATT
BT1 marketing

RADIESCHEN
BT1 gemuese

RAHM
BT1 milchprodukt

RAPS
BT1 oelsaaten
BT2 feldfrucht

RASSE
BT1 tierzucht
BT2 tierische produktionstechnik
rt zuchtgenossenschaft

RATIONALISIERUNG
BT1 soziooekonom organisationsform

RAUHFUTTER
BT1 wirtschaftsfutter
BT2 futtermittel

RAUMORDNUNG
BT1 planung

RAUMPLANUNG
BT1 planung
NT1 abgrenzung laendlicher raeume
NT1 freiraum
rt agrarstrukturpolitik
rt umweltpolitik

REBFLAECHE
BT1 boden
rt weinbau

REBHUHN
BT1 wildgefluegel
BT2 gefluegel

rechner
USE **computer**

RECHNUNGSABGRENZUNG
BT1 passiva
BT2 bilanz
BT3 bilanzanalyse
NT1 konsolidierte bilanz

RECHNUNGSWESEN
NT1 landw gesamtrechnung
rt betriebserfolg
rt betriebsplanung
rt bilanzanalyse
rt buchfuehrung
rt einkommen
rt gesamtrechnung
rt input-output-analyse
rt kostenanalyse
rt regionale gesamtrechnung
rt volkswirtsch gesamtrechnung

recht
SEE **gesetz**
OR **gesetzgebung**

RECHTE DES PAECHTERS
rt paechter

RECHTE DES VERPAECHTERS
rt eigentuemer

RECHTSENTSCHEID
uf urteil
BT1 rechtsfindung
rt eg-rechtsentscheid

RECHTSFINDUNG
NT1 gesetzauslegung
NT1 rechtsentscheid
NT1 rechtsprechung

RECHTSFORM
uf satzung
rt gesellschaftsrecht
rt gesetzgebung
rt handelsgesellschaft
rt handelsrecht

RECHTSPRECHUNG
BT1 rechtsfindung
rt landwirtschaftsgericht

RECHTSQUELLE
NT1 berufsstatut
NT1 eg-recht
NT2 ewg-vertrag
NT3 eg-verordnung

RECHTSQUELLE (C)
NT1 gesetzgebung
NT2 buergerliches recht
NT2 forstgesetz
NT2 gesetz
NT3 laendergesetz
NT2 landwirtschaftsgesetz
NT2 verordnung
NT3 verfuegung
NT1 gewohnheitsrecht
NT1 grundgesetz
NT1 kommunale verordnung
NT1 vereinbarung

RECHTSSCHUTZ
BT1 rechtssystem
BT2 sozialsystem

RECHTSSYSTEM
BT1 sozialsystem
NT1 rechtsschutz
rt soziale sicherung

REFERATEZEITSCHRIFT
BT1 zeitschrift
BT2 veroeffentlichung
NT1 bibliographie

REFERENZPREIS
BT1 preis

REGEN
BT1 niederschlag
BT2 klimafaktor

REGION
NT1 agrarregion
NT1 verwaltungsgebiet
NT1 wirtschaftsregion

REGIONALE AGRARPOLITIK
BT1 agrarpolitik
NT1 landw benachteiligte gebiete
NT2 berggebiet
rt beihilfefonds
rt politik

regionale agrarproduktion
USE **produktionsstandort**

REGIONALE GESAMTRECHNUNG
BT1 gesamtrechnung
rt rechnungswesen

REGIONALE WIRTSCHAFTL ENTWICKLUNG
BT1 wirtschaftl entwicklung
rt beihilfefonds

REGRESSIONSANALYSE
BT1 statistische inferenz
BT2 analytische statistik
BT3 statistik

REGULIERTER PREIS
BT1 preis

REH
BT1 wild

reineinkommen
USE **gewinn**

REINERTRAG
BT1 betriebserfolg

REIS
BT1 getreide
BT2 feldfrucht

REISMEHL
BT1 getreidemehl
BT2 getreideerzeugnis

REKLAME
BT1 werbung
BT2 verkaufsfoerderung
BT3 marketing

REKURSIVE PROGRAMMIERUNG
BT1 programmierung

RELIGION
BT1 sozialsystem
NT1 kirche
NT2 kirche im laendlichen raum

RENTABILITAET
BT1 wirtschaftlichkeitsanalyse
NT1 deckungsbeitrag
NT1 rentabilitaetsschwelle

RENTABILITAETSSCHWELLE
BT1 rentabilitaet
BT2 wirtschaftlichkeitsanalyse

RENTENVERSICHERUNG
BT1 sozialversicherung
BT2 soziale sicherung
rt unfallverhuetung

republik kap verde
USE **kap verde**

republik suedafrika
USE **suedafrika**

RETROSPEKTIVE SUCHE
BT1 informationssuche

REUNION
BT1 suedliches afrika
BT2 afrika suedlich der sahara
BT3 afrika
rt frankreich
rt franzoesischsprachiges afrika

rezession
USE **konjunkturrueckgang**

RHABARBER
BT1 obst

RHODESIEN
BT1 suedliches afrika
BT2 afrika suedlich der sahara
BT3 afrika
rt englischsprachiges afrika

richtlinie
SEE **eg-richtlinie**
OR **verfuegung**

RICHTPREIS
BT1 preis
rt agrarpreis
rt agrarpreispolitik

RINDFLEISCH
BT1 fleisch

RINDVIEH
NT1 bueffel
NT1 bulle
NT1 faerse
NT1 fleischrind
NT1 kalb
NT1 kuh
NT2 ammenkuh
NT2 milchkuh
NT2 schlachtkuh
NT1 spannvieh
NT1 tungochse
NT1 zweinutzungsrind
rt rindviehhaltung
rt vieh

RINDVIEHHALTUNG
BT1 tierproduktion
BT2 betriebszweig
NT1 milchviehhaltung
rt rindvieh

rio d'oro
USE **westsahara**

RISIKO
BT1 investitionsplanung
BT2 betriebsplanung
rt unsicherheit

RIZINUS
BT1 oelsaaten
BT2 feldfrucht

RODENTIZID
BT1 pestizid

RODUNG
BT1 pflanzliche produktionstechnik

RODUNGSPRAEMIE
BT1 beihilfe
BT2 agrarfinanzpolitik

ROGGEN
BT1 getreide
BT2 feldfrucht

ROGGENMEHL
BT1 getreidemehl
BT2 getreideerzeugnis

ROHEINKOMMEN
BT1 betriebserfolg

ROHRZUCKER
BT1 zucker
rt zuckerrohr

ROHSTOFF
BT1 produkt
NT1 forstprodukt

ROHSTOFFMARKT
BT1 markt

ROLLE
BT1 soziale schichtung
BT2 sozialstruktur
NT1 rollenaenderung
NT1 rollenerwartung
NT1 rollenkonflikt

ROLLENAENDERUNG
BT1 rolle
BT2 soziale schichtung
BT3 sozialstruktur

ROLLENERWARTUNG
BT1 rolle
BT2 soziale schichtung
BT3 sozialstruktur

ROLLENKONFLIKT
BT1 rolle
BT2 soziale schichtung
BT3 sozialstruktur

ROSENKOHL
BT1 gemuese

ROSINE
BT1 trockenfrucht
BT2 obsterzeugnis

ROTE JOHANNISBEERE
BT1 beerenobst
BT2 obst

ROTE RUEBE
BT1 gemuese

ROTKOHL
BT1 kohl
BT2 gemuese

RUANDA
BT1 ostafrika
BT2 afrika suedlich der sahara
BT3 afrika
BT1 zentralafrika
rt franzoesischsprachiges afrika

RUEBENZUCKER
BT1 zucker
rt zuckerruebe

RUECKNAHMEPREIS
BT1 preis

RUECKSTELLUNG
BT1 passiva
BT2 bilanz
BT3 bilanzanalyse
rt eigenfinanzierung

RUECKZAHLUNG
BT1 kreditpolitik
NT1 schuldenkonsolidierung
NT1 zinsendienst

RUHEZEIT
BT1 arbeitsstudie
BT2 arbeitswirtschaft

RUMAENIEN
BT1 osteuropa
BT2 europa
rt comecon

RUNDFUNK
BT1 massenmedien
rt audiovisuelle mittel

russland
USE **udssr**

SAATGUT
BT1 pflanzenzucht
rt hochzuchtsorte
rt produktionsmittel
rt saatgutwirtschaft
rt saeen

SAATGUTWIRTSCHAFT
BT1 inputindustrie
rt saatgut

SAEEN
BT1 bodenbearbeitung
BT2 pflanzliche produktionstechnik
rt saatgut

saeuglingsmilch
USE **kindernaehrmittel**

SAFER
(nur in frankreich: societe d'amenagement foncier et d'etablissement rural)
BT1 betriebszweiggemeinschaft
rt bodenfonds

SAISONALE ARBEITSLOSIGKEIT
BT1 arbeitslosigkeit
BT2 erwerbstaetigkeit

SAISONALE SCHWANKUNG
BT1 konjunkturschwankung
BT2 konjunktur
BT3 wirtschaftl entwicklung

SAISONALE WANDERUNG
BT1 geographische mobilitaet
BT2 wanderung

SAISONALITAET
BT1 zeitreihe
BT2 verteilungsmerkmal
BT3 beschreibende statistik
BT4 statistik

SAISONARBEITSKRAFT
BT1 fremdarbeitskraft
BT2 landw arbeitskraft

salvador
USE **el salvador**

SAMBIA
BT1 suedliches afrika
BT2 afrika suedlich der sahara

SAMBIA (C)
BT3 afrika
rt commonwealth
rt englischsprachiges afrika

SAMMELN
BT1 transport

SAN MARINO
BT1 mittelmeerlaender
BT1 westeuropa
BT2 europa

SAO TOME UND PRINCIPE
uf *principe*
BT1 zentralafrika
BT2 afrika suedlich der sahara
BT3 afrika
rt portugal

sardinien
USE **italien (sardegna)**

satzung
USE **rechtsform**

SAU
BT1 schwein

SAUDI-ARABIEN
BT1 arabische laender
BT1 westasien
BT2 asien

SAUERMILCH
BT1 milchprodukt
NT1 buttermilch
NT1 joghurt

savanne
USE **praerie**

SCHADENSFAELLE
rt beihilfe
rt klimafaktor
rt landw katastrophe

SCHADSTOFF
rt landw belastung
rt landwirtschaft als geschaedigte

SCHAEDLINGSBEKAEMPFUNG
BT1 pflanzenpflege
BT2 pflanzliche produktionstechnik

SCHAF
NT1 lamm
NT1 mutterschaf
NT1 schafbock
NT1 wollschaf
NT1 zweinutzungsschaf
rt schafhaltung
rt vieh

SCHAFBOCK
BT1 schaf

SCHAFFLEISCH
BT1 fleisch

SCHAFHALTUNG
BT1 tierproduktion
BT2 betriebszweig
rt schaf

SCHALOTTE
BT1 gemuese

SCHINKEN
(roh oder gekocht)
BT1 fleischerzeugnis
rt schweinefleisch

schlachtfett
USE **tierisches fett**

SCHLACHTHOF
BT1 fleischwirtschaft

SCHLACHTHOF (C)
BT2 lebensmittelindustrie

SCHLACHTKUH
BT1 kuh
BT2 rindvieh

SCHLACHTPRAEMIE
BT1 beihilfe
BT2 agrarfinanzpolitik

SCHLEPPER
BT1 maschine
BT2 maschinenausstattung

SCHMELZKAESE
BT1 kaese
BT2 milchprodukt

SCHMINKBOHNE
BT1 gartenbohne
BT2 leguminosen
BT3 gemuese

SCHNECKE

SCHNEE
BT1 niederschlag
BT2 klimafaktor

SCHOKOLADE
uf *schokoladengetraenk +*
rt nahrungsmittel
rt suesswaren

schokoladengetraenk +
USE **getraenk**
AND **schokolade**

SCHULBILDUNG
BT1 bildung
NT1 grundschulbildung
NT1 weiterbildung

SCHULDENKONSOLIDIERUNG
BT1 rueckzahlung
BT2 kreditpolitik

SCHULFERNSEHEN
BT1 audiovisuelle mittel
BT2 lehrmethode

SCHULFUNK
BT1 audiovisuelle mittel
BT2 lehrmethode

SCHWARZE JOHANNISBEERE
BT1 beerenobst
BT2 obst

schwarztee
USE **tee**

SCHWEDEN
BT1 skandinavien
BT2 westeuropa
BT3 europa
rt efta

SCHWEIN
NT1 eber
NT1 ferkel
NT1 sau
rt schweinehaltung
rt vieh

SCHWEINEFLEISCH
BT1 fleisch
rt durchwachsener speck
rt schinken

SCHWEINEHALTUNG
BT1 tierproduktion
BT2 betriebszweig
rt schwein

SCHWEIZ
BT1 westeuropa

SCHWEIZ (C)
BT2 europa
rt efta

SCHWELLENPREIS
BT1 preis

SEETRANSPORT
BT1 transport

SEIDENRAUPE
BT1 tierproduktion
BT2 betriebszweig

SEKT
BT1 wein
BT2 alkoholhaltiges getraenk
BT3 getraenk

SEKTORALE PLANUNG
BT1 planung

SEKTORALE WIRTSCHAFTL ENTWICKLUNG
BT1 wirtschaftl entwicklung
rt entwicklung der landwirtschaft
rt wirtschaftssektor

SEKUNDAERER SEKTOR
BT1 wirtschaftssektor

sekundarbildung
USE **weiterbildung**

SELBSTEINSCHAETZUNG
BT1 person

SELBSTERKENNTNIS
BT1 person

SELBSTVERSORGUNG
BT1 versorgungsbilanz
rt inlandsproduktion

SELBSTVERWALTUNG
BT1 management
BT2 menschliche ressourcen
BT3 wirtschaftl ressourcen
BT4 wirtschaftl lage

SELEKTIONSZUCHT
BT1 tierzucht
BT2 tierische produktionstechnik

SELEKTIVES HERBIZID
BT1 pestizid
rt produktionsmittel

SELLERIE
BT1 gemuese

SELLERIEKNOLLE
BT1 gemuese

SEMINAR
BT1 lehrmethode

SENEGAL
BT1 westafrika
BT2 afrika suedlich der sahara
BT3 afrika
rt franzoesischsprachiges afrika

SENF
BT1 oelsaaten
BT2 feldfrucht

SESAM
BT1 oelsaaten
BT2 feldfrucht

SEXUALVERHALTEN
BT1 familie
rt familienplanung
rt geburtenrate

SEYCHELLEN
BT1 ostafrika
BT2 afrika suedlich der sahara

SEYCHELLEN (C)
BT3 afrika
rt vereinigtes koenigreich

SHEANUSS
BT1 nuss

SIERRA LEONE
BT1 westafrika
BT2 afrika suedlich der sahara
BT3 afrika
rt commonwealth
rt englischsprachiges afrika

SILAGE
BT1 wirtschaftsfutter
BT2 futtermittel
rt konservierung

SILO
BT1 lagerung

SILOMAIS
BT1 mais
BT2 getreide
BT3 feldfrucht

SIMULATION
BT1 nichtoptimierungsverfahren
BT2 unternehmensforschung
NT1 monte carlo-programmierung

SIMULTANE GLEICHUNGSANALYSE
BT1 parametrisches verfahren
BT2 oekonometrie

SINGAPUR
BT1 suedostasien
BT2 asien
rt commonwealth

SISAL
BT1 faserpflanze
BT2 feldfrucht

sizilien
USE **italien (sicilia)**

SKANDINAVIEN
BT1 westeuropa
BT2 europa
NT1 daenemark
NT2 daenemark (bornholm)
NT2 daenemark (fyn)
NT2 daenemark (jylland)
NT2 daenemark (lolland-falster)
NT2 daenemark (sjaelland)
NT1 faroeer inseln
NT1 finnland
NT1 groenland
NT1 island
NT1 norwegen
NT1 schweden

SOFTWARE
rt computer
rt edv

SOHN
BT1 kinder
BT2 familiengroesse
BT3 familie

SOJABOHNE
BT1 oelsaaten
BT2 feldfrucht

SOJAERZEUGNIS
BT1 gemueseerzeugnis

SOJAOEL
BT1 pflanzenfett
BT2 fett

SOLARENERGIE
BT1 energie
BT2 wirtschaftl ressourcen
BT3 wirtschaftl lage

SOMALIA
BT1 ostafrika
BT2 afrika suedlich der sahara
BT3 afrika

SONDERANGEBOT
BT1 verkaufsfoerderung
BT2 marketing

SONNENBLUMENOEL
BT1 pflanzenfett
BT2 fett

SORGHUM
BT1 getreide
BT2 feldfrucht

SORTE
BT1 pflanzenzucht
NT1 hochzuchtsorte

SOZIALANTHROPOLOGIE
NT1 ethnische gruppe
rt kultur

SOZIALBEWUSSTSEIN
BT1 sozialisation

SOZIALBRACHE
BT1 boden

SOZIALE AKTIVITAET
BT1 soziale teilnahme
BT2 sozialisation

SOZIALE ANPASSUNG
BT1 sozialisation
NT1 nichtanpassung

SOZIALE DIFFERENZIERUNG
BT1 sozialisation

SOZIALE INTEGRATION
BT1 sozialisation

SOZIALE ISOLIERUNG
BT1 soziale krise
BT2 sozialisation

SOZIALE KLASSE
BT1 soziale schichtung
BT2 sozialstruktur
NT1 herrschende klasse
NT1 mittelschicht
NT1 oberschicht
NT1 unterschicht

SOZIALE KONTROLLE
BT1 sozialsystem

SOZIALE KRISE
BT1 sozialisation
NT1 abweichendes verhalten
NT2 alkoholismus
NT2 kriminalitaet
NT1 konflikt
NT1 soziale isolierung
NT1 soziale unruhe
NT2 klassenkampf
rt arbeitskonflikt
rt konjunkturrueckgang
rt nichtanpassung

SOZIALE MARKTWIRTSCHAFT
BT1 gemischte wirtschaft
BT2 wirtschaftsystem

SOZIALE MOBILITAET
BT1 soziale schichtung
BT2 sozialstruktur
NT1 horizontale mobilitaet
NT1 vertikale mobilitaet
NT2 sozialer abstieg
NT2 sozialer aufstieg

SOZIALE NORM
BT1 sozialsystem
NT1 gewohnheit

SOZIALE NORM (C)
NT1 tradition
rt marktstandard

SOZIALE SCHICHTUNG
BT1 sozialstruktur
NT1 eigentumsverhaeltnisse
NT1 rolle
NT2 rollenaenderung
NT2 rollenerwartung
NT2 rollenkonflikt
NT1 soziale klasse
NT2 herrschende klasse
NT2 mittelschicht
NT2 oberschicht
NT2 unterschicht
NT1 soziale mobilitaet
NT2 horizontale mobilitaet
NT2 vertikale mobilitaet
NT3 sozialer abstieg
NT3 sozialer aufstieg
NT1 status
NT2 beruflicher status
NT2 berufsprestige
NT2 elite
NT2 sozialoekonomischer status

SOZIALE SICHERUNG
NT1 alterssicherung
NT1 arbeitslosenversicherung
NT1 geburtenhilfe
NT1 kindergeld
NT1 lebensversicherung
NT1 sozialhilfe
NT1 sozialversicherung
NT2 krankenversicherung
NT2 rentenversicherung
NT1 unfallversicherung
NT1 vorsorge
rt agrarsozialpolitik
rt rechtssystem
rt sozialpolitik
rt versicherung

SOZIALE TEILNAHME
BT1 sozialisation
NT1 soziale aktivitaet

SOZIALE UNRUHE
BT1 soziale krise
BT2 sozialisation
NT1 klassenkampf

SOZIALER ABSTIEG
BT1 vertikale mobilitaet
BT2 soziale mobilitaet
BT3 soziale schichtung
BT4 sozialstruktur

SOZIALER AUFSTIEG
BT1 vertikale mobilitaet
BT2 soziale mobilitaet
BT3 soziale schichtung
BT4 sozialstruktur

SOZIALER FORTSCHRITT
BT1 sozialer wandel

SOZIALER WANDEL
NT1 fortschritt
NT2 industrialisierung
NT2 innovation
NT2 technischer fortschritt
NT3 angemessene technologie
NT3 technologietransfer
NT1 sozialer fortschritt
rt aenderung
rt wirtschaftl entwicklung

SOZIALES GLEICHGEWICHT
BT1 sozialstruktur

SOZIALGEOGRAPHIE
rt agrargeographie
rt geographie
rt laendliche sozialforschung

SOZIALHILFE
BT1 soziale sicherung
rt versicherung

SOZIALISATION
NT1 kollektivierung
NT1 sozialbewusstsein
NT1 soziale anpassung
NT2 nichtanpassung
NT1 soziale differenzierung
NT1 soziale integration
NT1 soziale krise
NT2 abweichendes verhalten
NT3 alkoholismus
NT3 kriminalitaet
NT2 konflikt
NT2 soziale isolierung
NT2 soziale unruhe
NT3 klassenkampf
NT1 soziale teilnahme
NT2 soziale aktivitaet
rt kooperation

SOZIALISMUS
BT1 politisches system

SOZIALOEKONOMISCHER STATUS
BT1 status
BT2 soziale schichtung
BT3 sozialstruktur
rt lebensverhaeltnisse

sozialordung
USE **sozialstruktur**

SOZIALPOLITIK
NT1 agrarsozialpolitik
rt gesetzgebung
rt politik
rt soziale sicherung

SOZIALRECHT
NT1 arbeitsrecht
NT2 arbeitsschutz
NT2 streik
rt vertragsrecht

SOZIALSTRUKTUR
uf sozialordung
NT1 soziale schichtung
NT2 eigentumsverhaeltnisse
NT2 rolle
NT3 rollenaenderung
NT3 rollenerwartung
NT3 rollenkonflikt
NT2 soziale klasse
NT3 herrschende klasse
NT3 mittelschicht
NT3 oberschicht
NT3 unterschicht
NT2 soziale mobilitaet
NT3 horizontale mobilitaet
NT3 vertikale mobilitaet
NT4 sozialer abstieg
NT4 sozialer aufstieg
NT2 status
NT3 beruflicher status
NT3 berufsprestige
NT3 elite
NT3 sozialoekonomischer status
NT1 soziales gleichgewicht
rt struktur

SOZIALSYSTEM
NT1 institution
NT2 institutionalisierung
NT1 macht
NT2 autoritaet
NT2 fuehrung
NT2 politische macht
NT1 rechtssystem
NT2 rechtsschutz
NT1 religion
NT2 kirche
NT3 kirche im laendlichen raum
NT1 soziale kontrolle
NT1 soziale norm
NT2 gewohnheit

SOZIALSYSTEM (C)
NT2 tradition

SOZIALVERSICHERUNG
BT1 soziale sicherung
NT1 krankenversicherung
NT1 rentenversicherung
rt versicherung

SOZIOLOGIE DER ARBEIT
rt arbeitsbedingung
rt arbeitsstudie

SOZIOLOGISCHE ANALYSE
BT1 laendliche sozialforschung

SOZIOLOGISCHE METHODE
BT1 laendliche sozialforschung
rt oekonometrie
rt unternehmensforschung

SOZIOLOGISCHE THEORIE
BT1 laendliche sozialforschung

SOZIOOEKONOM ORGANISATIONSFORM
NT1 dezentralisierung
NT1 diversifikation
NT1 integration
NT2 horizontale integration
NT2 vertikale integration
NT1 konzentration
NT2 betriebsfusion
NT1 kooperation
NT1 koordination
NT1 rationalisierung
NT1 spezialisierung
NT1 zentralisierung

SPANIEN
BT1 mittelmeerlaender
BT1 westeuropa
BT2 europa
rt andorra
rt kanarische inseln

spanisch-sahara
USE **westsahara**

spanisch-westafrika
USE **westsahara**

SPANNVIEH
BT1 rindvieh

SPARGEL
BT1 gemuese

SPARKASSE
BT1 bank

SPARKFUNKTION
BT1 entscheidungsanalyse
BT2 parametrisches verfahren
BT3 oekonometrie

SPEISEKARTOFFEL
BT1 kartoffel
BT2 hackfrucht
BT3 feldfrucht

SPEISEPILZ
BT1 gemuese

speiseruebe
USE **weisse ruebe**

SPEKTRALANALYSE
BT1 statistische inferenz
BT2 analytische statistik
BT3 statistik

SPEZIALISIERTER BETRIEB
BT1 betriebstyp
BT2 betriebssystem
rt spezialisierung

SPEZIALISIERUNG
BT1 sozioooekonom organisationsform

SPEZIALISIERUNG (C)
rt spezialisierter betrieb

SPEZIALKOSTEN
BT1 produktionskosten
BT2 kosten
BT3 kostenanalyse

SPIELTHEORIE
BT1 nichtoptimierungsverfahren
BT2 unternehmensforschung
rt statistische inferenz

SPINAT
BT1 gemuese

SPORT
BT1 freizeitbeschaeftigung

SPRITZUNG
BT1 pflanzenschutzverfahren

SRI LANKA
uf ceylon
BT1 suedostasien
BT2 asien
rt commonwealth

ST CHRISTOPH-NEVIS-ANGUILLA
uf anguilla, nevis
BT1 westindische staatengruppe
BT2 karibischer raum
BT3 amerika

ST HELENA
(und zugehoerige gebiete)
BT1 suedliches afrika
BT2 afrika suedlich der sahara
BT3 afrika
BT1 westafrika
rt englischsprachiges afrika
rt vereinigtes koenigreich

ST LUCIA
BT1 westindische staatengruppe
BT2 karibischer raum
BT3 amerika

ST PIERRE UND MIQUELON
BT1 nordamerika
BT2 amerika
rt frankreich

ST VINCENT
BT1 westindische staatengruppe
BT2 karibischer raum
BT3 amerika

STAATEN DES PERSISCHEN GOLFS
BT1 asien
NT1 bahrein
NT1 foederation der arabischen emirate
NT1 katar
NT1 kuweit

STAATLICHE FORSCHUNG
BT1 forschung

STAATLICHE PLANUNG
BT1 planung
rt staatliches unternehmen

STAATLICHES UNTERNEHMEN
uf verstaatlichung
BT1 unternehmen
rt staatliche planung

STAATSBETRIEB
(in sozialist landern)
BT1 landw betrieb

STAATSWALD
BT1 oeffentlicher landbesitz
BT2 bodenordnung
BT1 waldeigentum
rt forstflaeche

STABILISIERUNG
BT1 konjunktur
BT2 wirtschaftl entwicklung

STACHELBEERE
BT1 beerenobst
BT2 obst

STADT
BT1 staedtischer raum
BT2 staedtische umwelt
BT3 umwelt

STADT-LAND
BT1 umwelt
NT1 urbanisierung

STADT-LAND-WANDERUNG
BT1 geographische mobilitaet
BT2 wanderung

STADTNAHE LANDWIRTSCHAFT
BT1 staedtischer raum
BT2 staedtische umwelt
BT3 umwelt

STADTUMLAND
BT1 staedtischer raum
BT2 staedtische umwelt
BT3 umwelt

STAEDTISCHE BEVOELKERUNG
BT1 bevoelkerungsstruktur
BT2 bevoelkerung

STAEDTISCHE GESELLSCHAFT
BT1 gesellschaft

STAEDTISCHE UMWELT
BT1 umwelt
NT1 staedtischer raum
NT2 stadt
NT2 stadtnahe landwirtschaft
NT2 stadtumland

STAEDTISCHER RAUM
BT1 staedtische umwelt
BT2 umwelt
NT1 stadt
NT1 stadtnahe landwirtschaft
NT1 stadtumland

STAENDIGE ARBEITSKRAFT
BT1 fremdarbeitskraft
BT2 landw arbeitskraft

STAERKEINDUSTRIE
BT1 lebensmittelindustrie
rt teigwarenindustrie

STAERKEZUCKER
uf isoglukose
uf isomerose
BT1 zucker
rt suesstoff

STAGNATION
BT1 konjunktur
BT2 wirtschaftl entwicklung

STALLGEBAEUDE
BT1 wirtschaftsgebaeude
rt landw bauen

STALLHALTUNG
BT1 viehhaltung
BT2 tierische produktionstechnik

STALLMAST
BT1 mast
BT2 fuetterung
BT3 tierische produktionstechnik

STALLMIST
BT1 organischer duenger
BT2 duengemittel

STANDARDABWEICHUNG
BT1 verteilungsmerkmal
BT2 beschreibende statistik
BT3 statistik

STANDORTTHEORIE
BT1 wirtschaftstheorie
rt produktionsstandort

STATISTIK
NT1 analytische statistik
NT2 statistische inferenz
NT3 chi-quadrat-test
NT3 diskriminanzanalyse
NT3 faktoranalyse
NT3 hauptkomponentenanalyse
NT3 korrelation
NT3 methode der kleinsten quadrate
NT3 multikollinearitaet
NT3 querschnittsanalyse
NT3 regressionsanalyse
NT3 spektralanalyse
NT3 student-test
NT3 varianzanalyse
NT2 stichprobenverfahren
NT1 beschreibende statistik
NT2 mittelwertsmerkmal
NT3 durchschnitt
NT2 verteilungsmerkmal
NT3 standardabweichung
NT3 varianz
NT3 zeitreihe
NT4 saisonalitaet
NT1 graphentheorie
NT1 graphische darstellung
NT1 stochastische statistik
NT2 wahrscheinlichkeitsanalyse
rt zaehlung

STATISTISCHE ERHEBUNG
NT1 betriebsstatistik
NT2 eg-buchfuehrungsnetz
rt datenerfassung
rt stichprobenverfahren
rt zaehlung

STATISTISCHE INFERENZ
BT1 analytische statistik
BT2 statistik
NT1 chi-quadrat-test
NT1 diskriminanzanalyse
NT1 faktoranalyse
NT1 hauptkomponentenanalyse
NT1 korrelation
NT1 methode der kleinsten quadrate
NT1 multikollinearitaet
NT1 querschnittsanalyse
NT1 regressionsanalyse
NT1 spektralanalyse
NT1 student-test
NT1 varianzanalyse
rt spieltheorie

STATUS
BT1 soziale schichtung
BT2 sozialstruktur
NT1 beruflicher status
NT1 berufsprestige
NT1 elite
NT1 sozialoekonomischer status

STECKRUEBE
BT1 gemuese

STEINOBST
BT1 obst
NT1 aprikose
NT1 kirsche
NT1 olive
NT1 pfirsich
NT2 nectarine
NT1 pflaume

STELLUNG DER FRAU
BT1 familienleben
rt frau

STERBLICHKEIT
BT1 bevoelkerungsentwicklung

STEREOTYP
BT1 verhalten

STEUER
uf *steuerrecht+*
BT1 steuerwesen
BT2 oeffentliche finanzen

STEUERABKOMMEN
BT1 nichttarifaere handelsschranken

steuerrecht+
USE **gesetz**
AND **steuer**

STEUERWESEN
BT1 oeffentliche finanzen
NT1 direkte steuer
NT2 einkommensteuer
NT2 erbschaftssteuer
NT2 kapitalertragssteuer
NT3 grundsteuer
NT2 koerperschaftssteuer
NT1 indirekte steuer
NT2 grundverkehrssteuer
NT2 mehrwertsteuer
NT2 verbrauchssteuer
NT1 steuer
rt abgaben
rt einkommensuebertragung

STICHPROBENVERFAHREN
BT1 analytische statistik
BT2 statistik
rt datenerfassung
rt statistische erhebung

STICKSTOFF
BT1 handelsduenger
BT2 duengemittel
NT1 harnstoff

stipendium
USE **ausbildungsbeihilfe**

STOCHASTISCHE PROGRAMMIERUNG
BT1 programmierung

STOCHASTISCHE STATISTIK
BT1 statistik
NT1 wahrscheinlichkeitsanalyse
rt analytische statistik

STOPPREIS
BT1 preis

STRASSENNETZ
NT1 laendliches strassennetz
NT1 landw wegenetz

STRASSENTRANSPORT
BT1 transport

STREIK
BT1 arbeitsrecht
BT2 sozialrecht

STROH
BT1 wirtschaftsfutter
BT2 futtermittel
rt ernterueckstand

STRUKTUR
(soweit kein spezifischer deskriptor vorhanden ist)
rt agrarstruktur
rt betriebsstruktur
rt bevoelkerungsstruktur
rt familienstruktur
rt produktionsstruktur
rt sozialstruktur

STRUKTURELLE ARBEITSLOSIGKEIT
BT1 arbeitslosigkeit
BT2 erwerbstaetigkeit

STUDENT
rt lehrer

STUDENT-TEST
BT1 statistische inferenz
BT2 analytische statistik
BT3 statistik

stueckkostenrechnung
USE **kostenrechnung**

STUECKLOHN
BT1 entlohnung
BT2 arbeitswirtschaft

STUETZUNGSPOLITIK
BT1 agrarpolitik
rt beihilfe
rt flaechenbeihilfe
rt politik

STURM
BT1 landw katastrophe

STUTE
BT1 pferd

SUBSISTENZBETRIEB
BT1 betriebssystem

SUBSTITUTION
rt elastizitaet
rt ersatzlebensmittel

SUDAN
BT1 arabische laender
BT1 ostafrika
BT2 afrika suedlich der sahara
BT3 afrika
rt englischsprachiges afrika

SUEDAFRIKA
uf *republik suedafrika*
BT1 suedliches afrika
BT2 afrika suedlich der sahara
BT3 afrika
rt englischsprachiges afrika

SUEDAMERIKA
sf *lateinamerika*
BT1 amerika
NT1 argentinien
NT1 bolivien
NT1 brasilien
NT1 chile
NT1 ecuador
NT1 falklandinseln
NT1 franzoesisch-guayana
NT1 guayana
NT1 kolumbien
NT1 paraguay
NT1 peru
NT1 surinam
NT1 uruguay
NT1 venezuela
rt karibischer raum
rt mittelamerika

SUEDFRUCHT
BT1 obst
NT1 ananas
NT1 avocado
NT1 banane
NT1 dattel
NT1 gujava
NT1 mangofrucht
NT1 papayafrucht
NT1 passionsfrucht

suedjemen
USE **jemen dvr**

suedkorea
USE **korea r**

SUEDLICHES AFRIKA
BT1 afrika suedlich der sahara
BT2 afrika

SUEDLICHES AFRIKA (C)
NT1 angola
NT1 botswana
NT1 komoren
NT1 lesotho
NT1 madagaskar
NT1 malawi
NT1 mauritius
NT1 mosambik
NT1 namibia
NT1 reunion
NT1 rhodesien
NT1 sambia
NT1 st helena
NT1 suedafrika
NT1 swasiland

SUEDOSTASIEN
BT1 asien
NT1 bangladesch
NT1 bhutan
NT1 birma
NT1 brunei
NT1 indien
NT1 indochina
NT2 kampuchea
NT2 lao
NT2 vietnam
NT1 indonesien
NT1 malaysia
NT1 malediven
NT1 nepal
NT1 pakistan
NT1 philippinen
NT1 portugiesisch-timor
NT1 singapur
NT1 sri lanka
NT1 thailand

suedvietnam
USE **vietnam**

suedwestafrika
USE **namibia**

SUESSE MANDEL
BT1 mandel
BT2 nuss

suesskartoffel
USE **batate**

SUESSTOFF
BT1 ersatzlebensmittel
rt staerkezucker
rt zucker

SUESSWAREN
uf *zuckerwaren*
rt nahrungsmittel
rt schokolade
rt zucker

SUESSWARENINDUSTRIE
BT1 lebensmittelindustrie

SUPERMARKT
BT1 einzelhandel
BT2 absatzweg
BT3 absatz

SURINAM
BT1 suedamerika
BT2 amerika
rt niederlande

SWASILAND
BT1 suedliches afrika
BT2 afrika suedlich der sahara
BT3 afrika
rt commonwealth
rt englischsprachiges afrika

SYRIEN
BT1 arabische laender
BT1 mittelmeerlaender
BT1 westasien
BT2 asien

SYSTEMANALYSE
BT1 nichtoptimierungsverfahren
BT2 unternehmensforschung
rt mathematik

TABAK
BT1 industriepflanze

TABAKINDUSTRIE
BT1 non-food-industrie

TAFELWEIN
BT1 wein
BT2 alkoholhaltiges getraenk
BT3 getraenk

TAGUNG
rt veroeffentlichung
rt wirtschaftsverband

taiwan
USE **china**

TANKLAGERUNG
BT1 lagerung

TANSANIA
BT1 ostafrika
BT2 afrika suedlich der sahara
BT3 afrika
rt englischsprachiges afrika

TARIFLOHN
BT1 entlohnung
BT2 arbeitswirtschaft

TAUBE
BT1 wildgefluegel
BT2 gefluegel

TECHNISCHE HILFE
BT1 entwicklungshilfe
rt technologietransfer

TECHNISCHER FORTSCHRITT
BT1 fortschritt
BT2 sozialer wandel
NT1 angemessene technologie
NT1 technologietransfer
rt automation
rt landtechnik

TECHNOLOGIETRANSFER
BT1 technischer fortschritt
BT2 fortschritt
BT3 sozialer wandel
rt technische hilfe

TEE
uf gaerungstee
uf kaffeinfreier tee
uf schwarztee
BT1 alkoholfreies getraenk
BT2 getraenk
rt instanttee

TEEWIRTSCHAFT
BT1 getraenkeindustrie
BT2 lebensmittelindustrie

TEIGWAREN
BT1 getreideerzeugnis

TEIGWARENINDUSTRIE
BT1 backwarenindustrie
BT2 lebensmittelindustrie
rt staerkeindustrie

TEILHABERGESELLSCHAFT
BT1 privatunternehmen
BT2 unternehmen

TEILPACHT
BT1 grundbesitzverhaeltnisse

TEILZAHLUNGSKAUF
BT1 marketing

TERMINMARKT
BT1 warenboerse
BT2 absatzweg
BT3 absatz

TERMS OF TRADE
uf handelsbedingungen
BT1 zahlungsbilanz

TERRASSENKULTUR
BT1 bodennutzungsform

TERTIAERER SEKTOR
BT1 wirtschaftssektor
NT1 dienstleistung
NT2 veterinaerdienst
NT1 oeffentliche dienstleistung

TEXTILINDUSTRIE
BT1 non-food-industrie
NT1 baumwollindustrie
NT2 baumwollentkoernung
NT1 wollindustrie

THAILAND
BT1 suedostasien
BT2 asien

THESAURUS
BT1 dokumentationssprache
BT2 informationsverarbeitung

TIEFKUEHLINDUSTRIE
BT1 lebensmittelindustrie

TIERARZNEIMITTEL
rt veterinaerdienst

TIERISCHE PRODUKTIONSTECHNIK
sf produktionstechnik
NT1 aufzucht
NT2 extensive viehhaltung
NT2 gewerbliche viehhaltung
NT2 mutterlose aufzucht
NT1 fuetterung
NT2 futterbedarf
NT2 futterration
NT2 futterverwertung
NT2 mast
NT3 extensivmast
NT3 intensivmast
NT3 stallmast
NT1 melken
NT1 tierschutz
NT1 tierzucht
NT2 decken
NT2 kreuzungszucht
NT2 kuenstliche besamung
NT2 rasse
NT2 selektionszucht
NT1 viehhaltung
NT2 entmistung
NT2 stallhaltung
NT2 wandertierhaltung
NT2 weidehaltung
NT2 weidewirtschaft
NT1 zuchtverbesserung

TIERISCHER ABFALL
BT1 landw abfall
BT2 landw belastung
BT3 umweltpolitik
rt organischer duenger

TIERISCHES EIWEISS
BT1 eiweiss

TIERISCHES FETT
uf schlachtfett
BT1 fett

TIERKRANKHEIT
rt gesundheitsrecht
rt parasit
rt veterinaerdienst

TIERPRODUKTION
BT1 betriebszweig

TIERPRODUKTION (C)
NT1 aquakultur
NT1 bienenhaltung
NT1 fischhaltung
NT1 gefluegelhaltung
NT1 kleintierhaltung
NT1 pferdehaltung
NT1 rindviehhaltung
NT2 milchviehhaltung
NT1 schafhaltung
NT1 schweinehaltung
NT1 seidenraupe
NT1 ziegenhaltung
rt aufzucht
rt tierzucht

TIERSCHUTZ
BT1 tierische produktionstechnik

TIERZUCHT
BT1 tierische produktionstechnik
NT1 decken
NT1 kreuzungszucht
NT1 kuenstliche besamung
NT1 rasse
NT1 selektionszucht
rt tierproduktion

TOCHTER
BT1 kinder
BT2 familiengroesse
BT3 familie

TOGO
BT1 westafrika
BT2 afrika suedlich der sahara
BT3 afrika
rt franzoesischsprachiges afrika

TOMATE
BT1 gemuese

TONGA
BT1 ozeanien
rt commonwealth
rt vereinigtes koenigreich

TOPOGRAPHIE
BT1 geographie
rt luftbeobachtung

TORTOLA
uf jungferninseln (britisch)
BT1 karibischer raum
BT2 amerika
rt vereinigtes koenigreich

TRADITION
BT1 soziale norm
BT2 sozialsystem

TRANSITHANDEL
BT1 handel

TRANSPORT
uf verkehr
NT1 bahntransport
NT1 binnenschiffstransport
NT1 binnentransport
NT1 containertransport
NT1 internationaler transport
NT1 lufttransport
NT1 sammeln
NT1 seetransport
NT1 strassentransport
rt foerdern

TRANSPORTMODELL
BT1 modell
BT1 optimierungsverfahren
BT2 unternehmensforschung

TRAUBEN
BT1 obst
rt wein
rt weinbau

TREIBSTOFF
rt elektrizitaet
rt energie
rt produktionsmittel

TREND
BT1 konjunkturschwankung
BT2 konjunktur
BT3 wirtschaftl entwicklung
rt aenderung

TRINIDAD UND TOBAGO
BT1 karibischer raum
BT2 amerika
rt commonwealth

TRITICALE
BT1 getreide
BT2 feldfrucht
rt hochzuchtsorte

TROCKENFELDBAU
BT1 bodennutzungsform

TROCKENFLEISCH
BT1 fleischerzeugnis

TROCKENFRUCHT
BT1 obsterzeugnis
NT1 rosine
NT1 trockenpflaume
rt obst
rt trockenlebensmittel

TROCKENFUTTER
BT1 wirtschaftsfutter
BT2 futtermittel

TROCKENHEIT
BT1 klimafaktor

TROCKENLEBENSMITTEL
BT1 verzehrsfertiges lebensmittel
NT1 gefriergetrocknete lebensmittel
rt instantkaffee
rt instantkakao
rt instanttee
rt trockenfrucht

trockenmilch
USE **milchpulver**

TROCKENPFLAUME
BT1 trockenfrucht
BT2 obsterzeugnis

TROCKENZONE
BT1 klimazone
NT1 wueste
NT2 wuestung

TROCKNUNG
BT1 konservierung

TROPEN
BT1 klimazone

TSCHAD
BT1 zentralafrika
BT2 afrika suedlich der sahara
BT3 afrika
rt franzoesischsprachiges afrika

TSCHECHOSLOWAKEI
BT1 osteuropa
BT2 europa
rt comecon

TUERKEI
BT1 mittelmeerlaender
BT1 westeuropa
BT2 europa

TUNESIEN
BT1 arabische laender
BT1 mittelmeerlaender
BT1 nordafrika
BT2 afrika

TUNESIEN (C)
rt franzoesischsprachiges afrika

TUNGOCHSE
BT1 rindvieh

TURBANKUERBIS
BT1 gemuese

TURKS- UND CAICOSINSELN
uf *caicosinseln*
BT1 karibischer raum
BT2 amerika
rt vereinigtes koenigreich

UDSSR
uf *russland*
uf *union der sozialistischen sowjetrep*
BT1 osteuropa
BT2 europa
rt bjelorussische republik
rt comecon
rt ukraine

UEBERSCHWEMMUNG
BT1 landw katastrophe

UGANDA
BT1 ostafrika
BT2 afrika suedlich der sahara
BT3 afrika
rt commonwealth
rt englischsprachiges afrika

uk
USE **vereinigtes koenigreich**

UKRAINE
BT1 osteuropa
BT2 europa
rt udssr

ulster
USE **gb (n.ireland)**

UMLAUFVERMOEGEN
BT1 aktiva
BT2 bilanz
BT3 bilanzanalyse
NT1 finanzumlaufvermoegen
rt kapital

UMSATZ
BT1 handel
rt kauf
rt verkauf

umsatzsteuer
USE **mehrwertsteuer**

UMSCHULUNG
BT1 berufsausbildung
BT2 bildung
rt berufswechsel
rt erwachsenenbildung

UMSTELLUNGSBEIHILFE
BT1 beihilfe
BT2 agrarfinanzpolitik
rt aenderung der produktionsstruktur

UMWELT
NT1 laendliche umwelt
NT2 agrargeographie
NT2 laendliche entwicklung
NT3 gemeindeentwicklung
NT4 animation en milieu rural
NT3 laendliche siedlung
NT2 laendliche gemeinde
NT3 dorf
NT2 laendlicher raum
NT1 naturkatastrophe
NT1 oekologie
NT1 stadt-land
NT2 urbanisierung
NT1 staedtische umwelt
NT2 staedtischer raum
NT3 stadt

UMWELT (C)
NT3 stadtnahe landwirtschaft
NT3 stadtumland
rt landschaft
rt landw belastung
rt landwirtschaft als geschaedigte
rt umweltpolitik

UMWELTPOLITIK
NT1 landschaftspflege
NT1 landw belastung
NT2 abfallbeseitigung
NT2 landw abfall
NT3 ernterueckstand
NT3 tierischer abfall
NT1 landwirtschaft als geschaedigte
NT2 luftverschmutzung
NT2 wasserverschmutzung
NT1 naturschutz
NT1 umweltschutz
rt forstpolitik
rt politik
rt raumplanung
rt umwelt

UMWELTSCHUTZ
BT1 umweltpolitik

UN
(vereinigte nationen)
BT1 organisationen

UNCTAD
(united nations conference on trade and development)
BT1 wirtschaftsverhandlungen
BT2 handelspolitik

UNESCO
(united nations educational, scientific and cultural organization)
BT1 organisationen

UNFALLVERHUETUNG
BT1 arbeitssicherheit
BT2 arbeitsbedingung
rt rentenversicherung

UNFALLVERSICHERUNG
BT1 soziale sicherung
rt versicherung

UNGARN
BT1 osteuropa
BT2 europa
rt comecon

UNGELERNTE ARBEITSKRAFT
BT1 fremdarbeitskraft
BT2 landw arbeitskraft

union der sozialistischen sowjetrep
USE **udssr**

UNIVERSITAERE FORSCHUNG
BT1 forschung

UNKRAUTBEKAEMPFUNG
BT1 pflanzenpflege
BT2 pflanzliche produktionstechnik

UNKRAUTBEKAEMPFUNGSMITTEL
uf *herbizid*
BT1 pestizid

UNSICHERHEIT
BT1 investitionsplanung
BT2 betriebsplanung
rt risiko

UNTERBESCHAEFTIGUNG
BT1 erwerbstaetigkeit

UNTERGLASANBAU
BT1 bodennutzungsform

UNTERGRUNDLOCKERUNG
BT1 bodenbearbeitung

UNTERGRUNDLOCKERUNG (C)
BT2 pflanzliche produktionstechnik

UNTERHALTUNG
BT1 freizeitbeschaeftigung

UNTERNEHMEN
NT1 auslaendisches unternehmen
NT1 konglomerat
NT1 multinationales unternehmen
NT1 privatunternehmen
NT2 handelsgesellschaft
NT2 teilhabergesellschaft
NT1 staatliches unternehmen
NT1 unternehmen der oeffentlichen hand

UNTERNEHMEN DER OEFFENTLICHEN HAND
BT1 unternehmen

UNTERNEHMENSFORSCHUNG
NT1 bayesische theorie
NT1 nichtoptimierungsverfahren
NT2 input-output-analyse
NT2 kosten-nutzen-analyse
NT2 markov-kette
NT2 planung-programmier-finanzier-syst
NT2 simulation
NT3 monte carlo-programmierung
NT2 spieltheorie
NT2 systemanalyse
NT2 voranschlagsplanung
NT1 optimierungsverfahren
NT2 modell des internationalen handels
NT2 transportmodell
NT1 plandurchfuehrung und evaluierung
NT2 cash-flow-analyse
NT2 kritischer pfad
NT2 netzplananalyse
NT2 pert
NT2 warteschlange
NT1 programmkontrolle
NT2 altai-programm
NT2 budgetkontrolle
rt graphentheorie
rt kybernetik
rt oekonometrie
rt planung
rt soziologische methode

UNTERNEHMENSFUEHRUNG ZIELVORGABE
BT1 betriebsplanung

UNTERNEHMEREINKOMMEN
BT1 betriebserfolg
NT1 nichtlandw einkommen

UNTERSCHICHT
uf proletariat
BT1 soziale klasse
BT2 soziale schichtung
BT3 sozialstruktur

UNVERAEUSSERLICHES LAND
rt bodenmobilitaet
rt geschlossene vererbung

URBANISIERUNG
BT1 stadt-land
BT2 umwelt

URLAUB AUF DEM BAUERNHOF
BT1 fremdenverkehr

urteil
USE **rechtsentscheid**

URUGUAY
BT1 suedamerika
BT2 amerika
rt lafta

URWECHSELWIRTSCHAFT
BT1 bodennutzungsform

USA
uf vereinigte staaten von amerika
BT1 nordamerika
BT2 amerika

USA (C)
rt pazifische inseln us
rt puerto rico

VARIABLE ABSCHOEPFUNG
BT1 abschoepfung
BT2 abgaben
BT2 einfuhrbeschraenkung
rt zoll

VARIABLE KOSTEN
BT1 produktionskosten
BT2 kosten
BT3 kostenanalyse

VARIANZ
BT1 verteilungsmerkmal
BT2 beschreibende statistik
BT3 statistik

VARIANZANALYSE
BT1 statistische inferenz
BT2 analytische statistik
BT3 statistik

VATER
BT1 eltern
BT2 familiengroesse
BT3 familie

VATIKAN
BT1 westeuropa
BT2 europa

VENEZUELA
BT1 suedamerika
BT2 amerika
rt lafta

VERARBEITUNG
(ohne informationsverarbeitung)
rt inputindustrie
rt konservierung
rt lebensmittelindustrie
rt non-food-industrie
rt verarbeitungsprodukt

VERARBEITUNGSPRODUKT
BT1 produkt
rt verarbeitung

VERBRAUCH
NT1 eigenverbrauch
NT1 haushaltungsverbrauch
NT1 inlandsverbrauch
NT1 pro-kopf-verbrauch
NT1 verbrauchseinheit
rt nachfrage

VERBRAUCHERAUSGABEN
BT1 gesamtdaten
NT1 haushaltungsausgaben
rt haushaltungsverbrauch
rt verbraucherstudie
rt wirtschaftssoziologie

VERBRAUCHERINFORMATION
BT1 verbraucherschutz

VERBRAUCHERMOTIVATION
BT1 verbraucherstudie
BT2 marktforschung
rt wirtschaftssoziologie

VERBRAUCHERPANEL
BT1 verbraucherstudie
BT2 marktforschung

VERBRAUCHERPREIS
BT1 preis
rt einzelhandelspreis
rt nahrungsmittelpreis

VERBRAUCHERSCHUTZ
NT1 betrugsverhuetung
NT1 qualitaetskontrolle
NT2 herkunftsbezeichnung
NT2 qualitaetsbezeichnung

VERBRAUCHERSCHUTZ (C)
NT1 verbraucherinformation
rt lebensmitteluerberwachung

VERBRAUCHERSTUDIE
BT1 marktforschung
NT1 verbrauchermotivation
NT1 verbraucherpanel
rt verbraucherausgaben
rt verbraucherverhalten

VERBRAUCHERVERHALTEN
uf geschmackstest+
BT1 wirtschaftssoziologie
NT1 ernaehrungsgewohnheit
NT1 kaufverhalten
rt haushaltungsverbrauch
rt verbraucherstudie
rt verhalten

VERBRAUCHSEINHEIT
BT1 verbrauch

VERBRAUCHSFUNKTION
BT1 entscheidungsanalyse
BT2 parametrisches verfahren
BT3 oekonometrie

VERBRAUCHSSTEUER
BT1 indirekte steuer
BT2 steuerwesen
BT3 oeffentliche finanzen

VERBREITUNG FORSCHUNGSERGEBNISSE
BT1 forschungspolitik
rt beratung
rt dokumentation
rt information

VEREINBARUNG
BT1 rechtsquelle

vereinigte staaten von amerika
USE **usa**

VEREINIGTES KOENIGREICH
uf gb
uf grossbritanien
uf uk
BT1 westeuropa
BT2 europa
NT1 gb (channel islands)
NT1 gb (england and wales)
NT2 gb (e.england)
NT2 gb (e.midlands)
NT2 gb (n.england)
NT2 gb (s.w.england)
NT2 gb (w.midlands)
NT2 gb (wales)
NT2 gb (york/lancs)
NT1 gb (isle of man)
NT1 gb (n.ireland)
NT1 gb (scotland)
NT2 gb (e.scotland)
NT2 gb (highlands and islands)
NT2 gb (n.scotland)
NT2 gb (w.scotland)
rt antarktis
rt bahamas
rt belize
rt bermudas
rt brunei
rt commonwealth
rt europaeische gemeinschaften
rt falklandinseln
rt gibraltar
rt hongkong
rt kayman-inseln
rt montserrat
rt pazifische inseln gb
rt seychellen
rt st helena
rt tonga
rt tortola
rt turks- und caicosinseln
rt westindische staatengruppe

VEREINZELN
BT1 pflanzenpflege
BT2 pflanzliche produktionstechnik

VERERBUNG
uf erbrecht +
uf erbvertrag +
BT1 eigentumserwerb
NT1 erbabfindung
NT1 erbteilung
NT1 geschlossene vererbung
rt erbschaft

verfassungsrecht
USE **grundgesetz**

VERFUEGUNG
sf richtlinie
BT1 verordnung
BT2 gesetzgebung
BT3 rechtsquelle

VERHALTEN
NT1 bewusstsein
NT1 einstellung
NT2 politische einstellung
NT1 ideologie
NT1 kollektivverhalten
NT1 meinung
NT1 stereotyp
rt verbraucherverhalten
rt verhalten der landwirte

VERHALTEN DER LANDWIRTE
BT1 wirtschaftssoziologie
rt verhalten

VERHANDLUNGSGENOSSENSCHAFT
BT1 genossenschaftliche taetigkeit

VERKAUF
BT1 handel
rt marketing
rt umsatz

VERKAUFSFOERDERUNG
BT1 marketing
NT1 kennzeichnung
NT2 guetezeichen
NT3 produktstandard
NT2 warenzeichen
NT1 produkteinfuehrung
NT1 produktgestaltung
NT1 produktimage
NT1 sonderangebot
NT1 werbung
NT2 messe
NT2 reklame

VERKAUFSPREIS
BT1 preis

verkehr
USE **transport**

VERLUST
BT1 betriebserfolg
rt verschuldung

vermoegenssteuer
USE **kapitalertragssteuer**

VEROEFFENTLICHUNG
uf primaerliteratur
uf publikation
NT1 bericht
NT1 buch
NT1 dissertation
NT1 graue literatur
NT1 handbuch
NT1 karten
NT1 woerterbuch
NT1 zeitschrift
NT2 referatezeitschrift
NT3 bibliographie
rt tagung

VERORDNUNG
BT1 gesetzgebung
BT2 rechtsquelle
NT1 verfuegung
rt genehmigung

VERPACKEN
NT1 abfuellen
NT1 eindosen
rt kennzeichnung
rt konservierung
rt verpackung

VERPACKUNG
rt produktgestaltung
rt verpacken

verpaechter
USE **eigentuemer**

VERSANDHANDEL
BT1 marketing

VERSCHULDUNG
BT1 kreditverkehr
NT1 auslandsverschuldung
NT1 oeffentliche verschuldung
NT1 vorrangig gesicherte schuld
rt betriebsverschuldung
rt fremdfinanzierung
rt verlust

VERSICHERUNG
NT1 ausfuhrversicherung
NT1 beitrag
NT1 kreditversicherung
NT1 landw versicherung
NT2 ernteversicherung
NT2 feuerversicherung
NT2 hagelversicherung
NT2 viehversicherung
NT1 versicherungsleistung
rt alterssicherung
rt arbeitslosenversicherung
rt geburtenhilfe
rt krankenversicherung
rt soziale sicherung
rt sozialhilfe
rt sozialversicherung
rt unfallversicherung
rt vorsorge

VERSICHERUNGSGENOSSENSCHAFT
BT1 dienstleistungskooperation

VERSICHERUNGSLEISTUNG
sf leistung
BT1 versicherung
rt entschaedigung

VERSICHERUNGSMATHEMATIK
BT1 finanzmathematik
BT2 mathematik

versorgung
USE **angebot**

VERSORGUNGSBILANZ
NT1 marktanteil
NT1 nahrungsbilanz
NT1 selbstversorgung
rt angebot
rt angebot und nachfrage
rt handelsbilanz
rt nachfrage
rt vorrat

verstaatlichung
USE **staatliches unternehmen**

VERSTEIGERUNG
BT1 marketing

VERSUCHSBETRIEB
BT1 forschungsinstitution
BT2 forschungsorganisation

VERSUCHSSTATION
BT1 forschungsinstitution
BT2 forschungsorganisation

VERTEILUNG
BT1 absatz
rt handelsspanne

VERTEILUNGSMERKMAL
BT1 beschreibende statistik
BT2 statistik
NT1 standardabweichung
NT1 varianz
NT1 zeitreihe
NT2 saisonalitaet

VERTIKALE INTEGRATION
BT1 integration
BT2 soziooekonom organisationsform
rt agribusiness
rt vertragslandwirtschaft

VERTIKALE MOBILITAET
BT1 soziale mobilitaet
BT2 soziale schichtung
BT3 sozialstruktur
NT1 sozialer abstieg
NT1 sozialer aufstieg

VERTRAG
uf erbvertrag +
BT1 eigentumserwerb
rt vorkaufsrecht

VERTRAGSLANDWIRTSCHAFT
rt vertikale integration

VERTRAGSRECHT
rt agrarrecht
rt integration
rt sozialrecht

VERWALTUNG
NT1 bundesregierung
NT2 landwirtschafsministerium
NT1 halbstaatliche institution
NT1 kommunale verwaltung
NT2 gemeinde
NT1 landesregierung
NT1 oeffentliche institution
NT1 private institution

VERWALTUNGSGEBIET
BT1 region

VERWANDTSCHAFT
BT1 familiengroesse
BT2 familie

VERWERTUNGSGENOSSENSCHAFT
BT1 genossenschaftliche taetigkeit

VERZEHRSFERTIGES LEBENSMITTEL
(lebensmittel die mit oder ohne erhitzung bzw. zusatz von fluessigkeit mehr oder weniger verzehrsfertig ist)
uf lebensmittelzubereitung
NT1 diaetetisches lebensmittel
NT2 kindernaehrmittel
NT1 instantlebensmittel
NT2 instantkaffee
NT2 instantkakao
NT2 instanttee
NT1 trockenlebensmittel
NT2 gefriergetrocknete lebensmittel
rt fischerzeugnis
rt fleischerzeugnis
rt gemueseerzeugnis
rt nahrungsmittel
rt obsterzeugnis

VETERINAERDIENST
BT1 dienstleistung
BT2 tertiaerer sektor
BT3 wirtschaftssektor
rt tierarzneimittel
rt tierkrankheit

VIEH
rt bestandsgroesse
rt gefluegel
rt rindvieh
rt schaf
rt schwein
rt ziege

VIEHHALTUNG
BT1 tierische produktionstechnik
NT1 entmistung
NT1 stallhaltung
NT1 wandertierhaltung
NT1 weidehaltung
NT1 weidewirtschaft

VIEHHALTUNGSGEMEINSCHAFT
BT1 betriebszweiggemeinschaft

VIEHPACHT
BT1 landw pachtwesen

VIEHVERMOEGEN
BT1 aktiva
BT2 bilanz
BT3 bilanzanalyse

VIEHVERSICHERUNG
BT1 landw versicherung
BT2 versicherung

VIELSEITIGER ANBAU
BT1 betriebszweig
rt diversifikation
rt vielseitiger betrieb

VIELSEITIGER BETRIEB
BT1 betriebstyp
BT2 betriebssystem
rt vielseitiger anbau

VIERTE WELT
BT1 wirtschaftsgeographie

VIETNAM
uf nordvietnam
uf suedvietnam
BT1 indochina
BT2 suedostasien
BT3 asien

VIRUSBEKAEMPFUNGSMITTEL
BT1 pestizid

VITAMINE
BT1 zusatzstoff

VOLKSWIRTSCH GESAMTRECHNUNG
BT1 gesamtrechnung
rt bruttosozialprodukt
rt einkommen
rt rechnungswesen

VOLKSWIRTSCH KOSTEN
BT1 gesamtdaten

VOLKSZAEHLUNG
BT1 zaehlung

VOLLERNTEMASCHINE
BT1 erntemaschine
BT2 maschine
BT3 maschinenausstattung

VOLLERWERBSBETRIEB
BT1 betriebstyp
BT2 betriebssystem

vollkosten
USE **produktionskosten**

vollmilchpulver
USE **milchpulver**

VOLLSTAENDIGER WETTBEWERB
BT1 wettbewerb
BT2 marktfaktor

VORANSCHLAGSPLANUNG
BT1 betriebsplanung
BT1 nichtoptimierungsverfahren
BT2 unternehmensforschung

vorgelagerter bereich
USE **inputsektor**

VORKAUFSRECHT
rt pachtaufloesung
rt vertrag

VORLEISTUNGEN
BT1 gesamtdaten

VORRANGIG GESICHERTE SCHULD
BT1 verschuldung
BT2 kreditverkehr
rt kredit

VORRAT
NT1 vorratsregulierung
rt beihilfe fuer lagerhaltung
rt lagerung
rt produktionsueberschuss
rt versorgungsbilanz

VORRATSRECHNUNG
BT1 buchfuehrung

VORRATSREGULIERUNG
BT1 vorrat
rt marktstabilisierung

VORSORGE
BT1 soziale sicherung
rt versicherung

VORZUGSZOLL
BT1 zoll

WACHSTUMSRATE
BT1 wirtschaftswachstum
BT2 wirtschaftl entwicklung

WACHSTUMSTHEORIE
BT1 wirtschaftstheorie
rt wirtschaftswachstum

WAEHRUNG
NT1 devisen
NT1 eg-rechnungseinheit
NT1 gruene waehrung
NT1 landeswaehrung
NT1 nicht frei konvertierbare waehrung

WAEHRUNGSABKOMMEN
BT1 waehrungspolitik
rt ziehungsrecht

WAEHRUNGSPARITAET
uf wechselkurs
BT1 waehrungspolitik
NT1 abwertung
NT1 aufwertung

WAEHRUNGSPOLITIK
NT1 waehrungsabkommen
NT1 waehrungsparitaet
NT2 abwertung
NT2 aufwertung
NT1 waehrungsreform
NT1 waehrungsunion
rt politik

WAEHRUNGSREFORM
BT1 waehrungspolitik

WAEHRUNGSSYSTEM
NT1 ziehungsrecht

WAEHRUNGSUNION
BT1 waehrungspolitik
rt wirtschaftsgemeinschaft

WAHRSCHEINLICHKEITSANALYSE
BT1 stochastische statistik
BT2 statistik

WALDBAU
BT1 pflanzenproduktion
BT2 betriebszweig
rt forstflaeche
rt forstprodukt

WALDBRAND
BT1 feuer
BT2 landw katastrophe

WALDEIGENTUM
NT1 kommunalwald
NT1 privatwald
NT1 staatswald

WALDGEMEINSCHAFT
BT1 betriebszweiggemeinschaft
rt forstflaeche

WALLACH
BT1 pferd

WALNUSS
BT1 nuss

WALZEN
BT1 bodenbearbeitung
BT2 pflanzliche produktionstechnik

WANDERARBEITER
BT1 fremdarbeitskraft
BT2 landw arbeitskraft

WANDERTIERHALTUNG
BT1 viehhaltung
BT2 tierische produktionstechnik
rt nomade

WANDERUNG
NT1 auswanderung
NT1 einwanderung
NT1 entvoelkerung des laendl raumes
NT1 geographische mobilitaet
NT2 land-stadt-wanderung
NT2 pendelwanderung
NT2 saisonale wanderung
NT2 stadt-land-wanderung

WANDERWEIDE
BT1 gesellschaft
NT1 nomade

WARENBOERSE
BT1 absatzweg
BT2 absatz
NT1 terminmarkt

WARENKREDIT
BT1 handelspolitik
BT1 kredit
BT2 kreditverkehr
NT1 leasing

WARENZEICHEN
uf markenartikel
BT1 kennzeichnung
BT2 verkaufsfoerderung
BT3 marketing
rt guetezeichen

WARTESCHLANGE
BT1 plandurchfuehrung und evaluierung
BT2 unternehmensforschung

WASSER
rt bewaesserung
rt wasserstrasse
rt wasserverschmutzung
rt wasserwirtschaft

WASSERMELONE
BT1 obst

WASSERSTRASSE
rt wasser
rt wasserwirtschaft

WASSERVERSCHMUTZUNG
BT1 landwirtschaft als geschaedigte
BT2 umweltpolitik
rt wasser

WASSERWIRTSCHAFT
BT1 bodenordnung
rt wasser
rt wasserstrasse

wechselkurs
USE **waehrungsparitaet**

weibliche arbeitskraft
USE **frauenarbeitskraft**

WEICHKAESE
BT1 kaese
BT2 milchprodukt

WEICHWEIZEN
BT1 weizen
BT2 getreide
BT3 feldfrucht

weide
USE **gruenland**

WEIDEGEMEINSCHAFT
BT1 betriebszweiggemeinschaft

WEIDEHALTUNG
uf *weidemast*
BT1 pflanzenproduktion
BT2 betriebszweig
BT1 viehhaltung
BT2 tierische produktionstechnik
rt weidewirtschaft

weidemast
USE **weidehaltung**

WEIDEPACHT
BT1 landw pachtwesen

WEIDEWIRTSCHAFT
BT1 viehhaltung
BT2 tierische produktionstechnik
rt mast
rt weidehaltung

WEIN
BT1 alkoholhaltiges getraenk
BT2 getraenk
NT1 qualitaetswein
NT1 sekt
NT1 tafelwein
rt trauben

WEINBAU
BT1 pflanzenproduktion
BT2 betriebszweig
rt rebflaeche
rt trauben

WEINWIRTSCHAFT
BT1 getraenkeindustrie
BT2 lebensmittelindustrie

WEISSE BOHNE
BT1 gartenbohne
BT2 leguminosen
BT3 gemuese

WEISSE RUEBE
uf *speiseruebe*
BT1 hackfrucht
BT2 feldfrucht

WEISSKOHL
BT1 kohl
BT2 gemuese

weissrussland ssr
USE **bjelorussische republik**

WEITERBILDUNG
uf *sekundarbildung*

WEITERBILDUNG (C)
BT1 schulbildung
BT2 bildung

WEIZEN
BT1 getreide
BT2 feldfrucht
NT1 hartweizen
NT1 weichweizen

WEIZENMEHL
BT1 getreidemehl
BT2 getreideerzeugnis

WELTBANK
(internationale bank fuer wiederaufbau und entwicklung)
BT1 organisationen
rt investitionsbank

welthandel
USE **internationaler handel**

WELTMARKT
BT1 markt

WERBUNG
BT1 verkaufsfoerderung
BT2 marketing
NT1 messe
NT1 reklame

WERTE
BT1 kultur

WERTSCHOEPFUNG
BT1 gesamtdaten

WERTSYSTEM
BT1 kultur

WESTAFRIKA
BT1 afrika suedlich der sahara
BT2 afrika
NT1 benin
NT1 elfenbeinkueste
NT1 gambia
NT1 ghana
NT1 guinea
NT1 guinea-bissau
NT1 kamerun
NT1 kap verde
NT1 liberia
NT1 mali
NT1 mauretanien
NT1 niger
NT1 nigeria
NT1 obervolta
NT1 senegal
NT1 sierra leone
NT1 st helena
NT1 togo
NT1 westsahara

WESTASIEN
uf *mittelost*
uf *nahost*
BT1 asien
NT1 afghanistan
NT1 irak
NT1 iran
NT1 israel
NT1 jemen
NT1 jemen dvr
NT1 jordanien
NT1 libanon
NT1 oman
NT1 saudi-arabien
NT1 syrien
NT1 zypern

WESTEUROPA
BT1 europa
NT1 andorra
NT1 azoren
NT1 belgien
NT2 belgien (antwerpen)
NT2 belgien (brabant)

WESTEUROPA (C)
NT2 belgien (hainaut)
NT2 belgien (liege)
NT2 belgien (limburg)
NT2 belgien (namur)
NT2 belgien (oost-vlaanderen)
NT2 belgien (west-vlaanderen)
NT1 bundesrepublik deutschland
NT2 brd (baden-wuerttemberg)
NT2 brd (bayern)
NT2 brd (hessen)
NT2 brd (niedersachsen)
NT2 brd (nordrhein-westfalen)
NT2 brd (rheinland-pfalz)
NT2 brd (saarland)
NT2 brd (schleswig-holstein)
NT1 frankreich
NT2 frankreich (r. alsace)
NT2 frankreich (r. aquitaine)
NT2 frankreich (r. auvergne)
NT2 frankreich (r. basse normandie)
NT2 frankreich (r. bourgogne)
NT2 frankreich (r. bretagne)
NT2 frankreich (r. centre)
NT2 frankreich (r. champagne ardennes)
NT2 frankreich (r. corse)
NT2 frankreich (r. departements et terr
NT2 frankreich (r. franche comte)
NT2 frankreich (r. haute normandie)
NT2 frankreich (r. ile de france)
NT2 frankreich (r. languedoc roussillon
NT2 frankreich (r. limousin)
NT2 frankreich (r. lorraine)
NT2 frankreich (r. midi pyrenees)
NT2 frankreich (r. nord pas de calais)
NT2 frankreich (r. pays de la loire)
NT2 frankreich (r. picardie)
NT2 frankreich (r. poitou charentes)
NT2 frankreich (r. provence alpes cote
NT2 frankreich (r. rhone alpes)
NT1 gibraltar
NT1 griechenland
NT1 irland
NT2 irland (connacht)
NT2 irland (leinster)
NT2 irland (munster)
NT1 italien
NT2 italien (abruzzi)
NT2 italien (basilicata)
NT2 italien (calabria)
NT2 italien (campania)
NT2 italien (emilia-romagna)
NT2 italien (friuli-venezia giulia)
NT2 italien (lazio)
NT2 italien (liguria)
NT2 italien (lombardia)
NT2 italien (marche)
NT2 italien (molise)
NT2 italien (piemonte)
NT2 italien (puglia)
NT2 italien (sardegna)
NT2 italien (sicilia)
NT2 italien (toscana)
NT2 italien (trentino-alto adige)
NT2 italien (umbria)
NT2 italien (valle d'aosta)
NT2 italien (veneto)
NT1 kanarische inseln
NT1 liechtenstein
NT1 luxemburg
NT1 madeira
NT1 malta
NT1 monaco
NT1 niederlande
NT2 niederlande (drenthe)
NT2 niederlande (friesland)
NT2 niederlande (gelderland)
NT2 niederlande (groningen)
NT2 niederlande (noord-brabant)
NT2 niederlande (noord-holland)
NT2 niederlande (overijssel)
NT2 niederlande (utrecht)
NT2 niederlande (zeeland)
NT2 niederlande (zuid-holland)
NT2 niederlande (zuid-limburg)
NT1 oesterreich
NT1 portugal
NT1 san marino

WESTEUROPA (C)
NT1 schweiz
NT1 skandinavien
NT2 daenemark
NT3 daenemark (bornholm)
NT3 daenemark (fyn)
NT3 daenemark (jylland)
NT3 daenemark (lolland-falster)
NT3 daenemark (sjaelland)
NT2 faroeer inseln
NT2 finnland
NT2 groenland
NT2 island
NT2 norwegen
NT2 schweden
NT1 spanien
NT1 tuerkei
NT1 vatikan
NT1 vereinigtes koenigreich
NT2 gb (channel islands)
NT2 gb (england and wales)
NT3 gb (e.england)
NT3 gb (e.midlands)
NT3 gb (n.england)
NT3 gb (s.w.england)
NT3 gb (w.midlands)
NT3 gb (wales)
NT3 gb (york/lancs)
NT2 gb (isle of man)
NT2 gb (n.ireland)
NT2 gb (scotland)
NT3 gb (e.scotland)
NT3 gb (highlands and islands)
NT3 gb (n.scotland)
NT3 gb (w.scotland)
NT1 zypern

westindien
USE **karibischer raum**

WESTINDISCHE STAATENGRUPPE
BT1 karibischer raum
BT2 amerika
NT1 antigua
NT1 dominika
NT1 grenada
NT1 st christoph-nevis-anguilla
NT1 st lucia
NT1 st vincent
rt vereinigtes koenigreich

WESTSAHARA
uf *rio d'oro*
uf *spanisch-sahara*
uf *spanisch-westafrika*
BT1 westafrika
BT2 afrika suedlich der sahara
BT3 afrika

WESTSAMOA
BT1 ozeanien
rt commonwealth

WETTBEWERB
BT1 marktfaktor
NT1 vollstaendiger wettbewerb
NT1 wettbewerbsbeschraenkung
NT2 monopol
NT2 nachfragemonopol
NT2 nachfrageoligopol
NT2 oligopol
rt marktanteil

WETTBEWERBSBESCHRAENKUNG
BT1 wettbewerb
BT2 marktfaktor
NT1 monopol
NT1 nachfragemonopol
NT1 nachfrageoligopol
NT1 oligopol
rt dumping

WETTBEWERBSWIRTSCHAFT
BT1 marktwirtschaft
BT2 wirtschaftsystem

WHO
(world health organisation)

WHO (C)
BT1 organisationen

wiederaufforstung
USE **aufforstung**

WILD
NT1 reh
rt jagd
rt wildgefluegel

WILDARTEN
NT1 fauna
NT1 flora

WILDFRUCHT
BT1 obst

WILDGEFLUEGEL
BT1 gefluegel
NT1 fasan
NT1 rebhuhn
NT1 taube
rt wild

WINZERGENOSSENSCHAFT
BT1 genossenschaft

WIRSINGKOHL
BT1 kohl
BT2 gemuese

WIRTSCHAFT
NT1 agrarwirtschaft
rt wirtschaftstheorie

WIRTSCHAFTL DUALISMUS
BT1 entwicklungstheorie
BT2 wirtschaftstheorie

WIRTSCHAFTL ENTWICKLUNG
NT1 konjunktur
NT2 konjunkturrueckgang
NT2 konjunkturschwankung
NT3 saisonale schwankung
NT3 trend
NT3 zyklus
NT2 stabilisierung
NT2 stagnation
NT2 wirtschaftsaufschwung
NT1 regionale wirtschaftl entwicklung
NT1 sektorale wirtschaftl entwicklung
NT1 wirtschaftswachstum
NT2 wachstumsrate
rt agrarreform
rt sozialer wandel

WIRTSCHAFTL LAGE
NT1 wirtschaftl ressourcen
NT2 energie
NT3 elektrizitaet
NT3 solarenergie
NT2 kapital
NT2 menschliche ressourcen
NT3 arbeit
NT3 management
NT4 betriebsfuehrung
NT4 selbstverwaltung
NT2 natuerliche ressourcen
NT2 produktionspotential

WIRTSCHAFTL RESSOURCEN
BT1 wirtschaftl lage
NT1 energie
NT2 elektrizitaet
NT2 solarenergie
NT1 kapital
NT1 menschliche ressourcen
NT2 arbeit
NT2 management
NT3 betriebsfuehrung
NT3 selbstverwaltung
NT1 natuerliche ressourcen
NT1 produktionspotential

WIRTSCHAFTLICHKEITSANALYSE
NT1 liquiditaet
NT1 produktivitaet

WIRTSCHAFTLICHKEITSANALYSE (C)
NT2 arbeitsproduktivitaet
NT2 flaechenproduktivitaet
NT2 kapitalproduktivitaet
NT1 rentabilitaet
NT2 deckungsbeitrag
NT2 rentabilitaetsschwelle
rt effizienz

WIRTSCHAFTSANALYSE
NT1 grenzwertanalyse
NT2 grenzertrag
NT2 grenzkosten
rt betriebsanalyse
rt deckungsbeitragsrechnung
rt input-output-analyse
rt lage der landwirtschaft

WIRTSCHAFTSAUFSCHWUNG
BT1 konjunktur
BT2 wirtschaftl entwicklung

WIRTSCHAFTSEINHEIT
NT1 betriebseinheit
NT1 finanzierungsinstitution
NT1 haushaltung
NT2 landw haushaltung
rt arbeitskrafteinheit

WIRTSCHAFTSFUTTER
BT1 futtermittel
NT1 gruenfutter
NT1 heu
NT1 rauhfutter
NT1 silage
NT1 stroh
NT1 trockenfutter

WIRTSCHAFTSGEBAEUDE
NT1 stallgebaeude
rt anlagevermoegen
rt produktionsmittel

WIRTSCHAFTSGEMEINSCHAFT
NT1 gemeinsamer markt
NT1 zollunion
rt waehrungsunion

WIRTSCHAFTSGEOGRAPHIE
NT1 agrarland
NT1 entwickeltes land
NT1 entwicklungsland
NT1 vierte welt
rt geographie

WIRTSCHAFTSGRUNDSAETZE
BT1 wirtschaftstheorie
NT1 groesseneffekte

WIRTSCHAFTSRECHNUNG
NT1 betriebsrechnung
NT1 einkommensrechnung
NT1 kapitalrechnung
NT1 produktionsergebnis
rt gesamtdaten

WIRTSCHAFTSREGION
BT1 region

WIRTSCHAFTSSEKTOR
NT1 primaerer sektor
NT2 agrarsektor
NT1 sekundaerer sektor
NT1 tertiaerer sektor
NT2 dienstleistung
NT3 veterinaerdienst
NT2 oeffentliche dienstleistung
rt sektorale wirtschaftl entwicklung

WIRTSCHAFTSSOZIOLOGIE
NT1 verbraucherverhalten
NT2 ernaehrungsgewohnheit
NT2 kaufverhalten
NT1 verhalten der landwirte
rt verbraucherausgaben
rt verbrauchermotivation

WIRTSCHAFTSTHEORIE
NT1 entwicklungstheorie
NT2 wirtschaftl dualismus
NT1 gleichgewichtstheorie
NT1 oekonomische schule
NT2 keynestheorie
NT2 klassische wirtschaftstheorie
NT2 marxistische wirtschaftstheorie
NT2 neoklassische wirtschaftstheorie
NT1 standorttheorie
NT1 wachstumstheorie
NT1 wirtschaftsgrundsaetze
NT2 groesseneffekte
rt marktfaktor
rt wirtschaft

WIRTSCHAFTSVERBAND
BT1 interessengruppe
BT2 gruppe
rt tagung

WIRTSCHAFTSVERHANDLUNGEN
BT1 handelspolitik
NT1 gatt
NT1 unctad

WIRTSCHAFTSWACHSTUM
BT1 wirtschaftl entwicklung
NT1 wachstumsrate
rt wachstumstheorie

WIRTSCHAFTSSYSTEM
NT1 gemischte wirtschaft
NT2 soziale marktwirtschaft
NT1 marktwirtschaft
NT2 wettbewerbswirtschaft
NT1 planwirtschaft

WOCHENMARKT
BT1 einzelhandel
BT2 absatzweg
BT3 absatz

WOERTERBUCH
BT1 veroeffentlichung

WOHNGEBAUEDE
BT1 landw wohnung
BT2 lebensverhaeltnisse

WOLLINDUSTRIE
BT1 textilindustrie
BT2 non-food-industrie

WOLLSCHAF
BT1 schaf

WUESTE
BT1 trockenzone
BT2 klimazone
NT1 wuestung
rt nomade

WUESTUNG
BT1 wueste
BT2 trockenzone
BT3 klimazone

WURSTWARE
BT1 fleischerzeugnis

YAMS
BT1 hackfrucht
BT2 feldfrucht

ZAEHLUNG
NT1 landwirtschaftszaehlung
NT1 volkszaehlung
rt datenerfassung
rt statistik
rt statistische erhebung

ZAHLUNGSBILANZ
NT1 terms of trade
rt auslandsverschuldung
rt handelsbilanz

ZAIRE
uf kongo (demokratische republik)
uf kongo-kinshasa
BT1 zentralafrika
BT2 afrika suedlich der sahara
BT3 afrika
rt franzoesischsprachiges afrika

ZEITLOHN
BT1 entlohnung
BT2 arbeitswirtschaft

ZEITREIHE
BT1 verteilungsmerkmal
BT2 beschreibende statistik
BT3 statistik
NT1 saisonalitaet

ZEITSCHRIFT
BT1 veroeffentlichung
NT1 referatezeitschrift
NT2 bibliographie

ZENTRALAFRIKA
BT1 afrika suedlich der sahara
BT2 afrika
NT1 aequatorialguinea
NT1 burundi
NT1 gabun
NT1 kamerun
NT1 kongo
NT1 ruanda
NT1 sao tome und principe
NT1 tschad
NT1 zaire
NT1 zentralafrikanisches reich

ZENTRALAFRIKANISCHES REICH
BT1 zentralafrika
BT2 afrika suedlich der sahara
BT3 afrika
rt franzoesischsprachiges afrika

ZENTRALER ORT
BT1 planung im laendlichen raum
BT2 planung

ZENTRALISIERUNG
(raeumliches konzept)
BT1 soziooekonom organisationsform

ZIEGE
NT1 geiss
NT1 ziegenbock
NT1 ziegenlamm
rt vieh
rt ziegenhaltung

ZIEGENBOCK
BT1 ziege

ZIEGENHALTUNG
BT1 tierproduktion
BT2 betriebszweig
rt ziege

ZIEGENLAMM
BT1 ziege

ZIEHUNGSRECHT
BT1 waehrungssystem
rt waehrungsabkommen

ZIELPREIS
BT1 preis

ZIERPFLANZE
BT1 feldfrucht
NT1 blume
NT2 blumenzwiebel

ZIERPFLANZENBAU
BT1 gartenbau
BT2 pflanzenproduktion
BT3 betriebszweig

ZINSENDIENST
BT1 rueckzahlung

ZINSENDIENST (C)
BT2 kreditpolitik

ZINSSATZ
BT1 kreditkontrolle
BT2 kreditpolitik
NT1 zinsverbilligung

ZINSVERBILLIGUNG
BT1 zinssatz
BT2 kreditkontrolle
BT3 kreditpolitik
rt oeffentliche anleihe

ZITRONE
BT1 zitrusfrucht
BT2 obst

ZITRUSFRUCHT
BT1 obst
NT1 clementine
NT1 mandarine
NT1 orange
NT1 pampelmuse
NT1 zitrone

ZIVILISATION
BT1 kultur

ZOLL *
uf zollrecht+
NT1 vorzugszoll
rt handelsschranken
rt indirekte steuer
rt variable abschoepfung

zollrecht+
USE **gesetz**
AND **zoll**

ZOLLUNION
BT1 wirtschaftsgemeinschaft

ZUCHTGENOSSENSCHAFT
BT1 dienstleistungskooperation
rt rasse

ZUCHTVERBESSERUNG
BT1 tierische produktionstechnik

ZUCKER
NT1 rohrzucker
NT1 ruebenzucker
NT1 staerkezucker
rt nahrungsmittel
rt suesstoff
rt suesswaren
rt zuckerrohr
rt zuckerruebe

ZUCKERINDUSTRIE
BT1 lebensmittelindustrie

ZUCKERMAIS
BT1 gemuese

ZUCKERROHR
BT1 feldfrucht
rt rohrzucker
rt zucker

ZUCKERRUEBE
BT1 hackfrucht
BT2 feldfrucht
rt ruebenzucker
rt zucker

zuckerwaren
USE **suesswaren**

zuerwerbslandwirt
USE **nebenerwerbslandwirt**

ZUSATZSTOFF
NT1 antibiotika
NT1 aromastoff
NT1 farbstoff
NT1 konservierungsstoff

ZUSATZSTOFF (C)
NT1 mineralischer zusatzstoff
NT1 vitamine
rt futtermittel
rt gewerbliche futtermittel
rt konservierung
rt nahrungsmittel

ZWEI-GENERATIONEN-FAMILIE
BT1 kernfamilie
BT2 familienstruktur

ZWEINUTZUNGSRIND
BT1 rindvieh

ZWEINUTZUNGSSCHAF
BT1 schaf

ZWIEBEL
BT1 gemuese

ZWISCHENFRUCHT
BT1 feldfrucht
rt fruchtfolge

ZWISCHENHAENDLER
BT1 handelsvertreter
BT2 absatzweg
BT3 absatz

ZWISCHENMENSCHLICHE BEZIEHUNGEN
BT1 person

ZYKLUS
BT1 konjunkturschwankung
BT2 konjunktur
BT3 wirtschaftl entwicklung

ZYPERN
BT1 mittelmeerlaender
BT1 westasien
BT2 asien
BT1 westeuropa
BT2 europa
rt commonwealth

MIKROTHESAUREN

ABGABEN
NT1 abschoepfung
NT2 variable abschoepfung
rt steuerwesen

ABSATZ
NT1 absatzweg
NT2 einzelhandel
NT3 direktverkauf
NT3 supermarkt
NT3 wochenmarkt
NT2 grosshandel
NT3 einkaufsvereinigung
NT3 grossmarkt
NT2 handelsvertreter
NT3 kommissionaer
NT3 zwischenhaendler
NT2 warenboerse
NT3 terminmarkt
NT1 verteilung
rt marktforschung

AGRARFINANZPOLITIK
NT1 beihilfe
NT2 beihilfe fuer lagerhaltung
NT2 betriebsbeihilfe
NT2 bodenabgaberente
NT2 flaechenbeihilfe
NT2 nichtvermarktungspraemie
NT2 rodungspraemie
NT2 schlachtpraemie
NT2 umstellungsbeihilfe
rt agrarpolitik
rt politik

AGRARFLUG
NT1 luftbeobachtung
rt lufttransport

AGRARPOLITIK
NT1 agrarmarktpolitik
NT2 agrarpreispolitik
NT3 grenzausgleich
NT2 marktordnung
NT3 intervention
NT2 marktstabilisierung
NT1 agrarstrukturpolitik
NT2 flurbereinigung
NT1 eg-agrarpolitik
NT1 nationale agrarpolitik
NT1 regionale agrarpolitik
NT2 landw benachteiligte gebiete
NT3 berggebiet
NT1 stuetzungspolitik
rt agraraussenhandel
rt agrarfinanzpolitik
rt ernaehrungspolitik
rt flaechenstillegung
rt forstpolitik
rt politik
rt produktionspolitik

AGRARREFORM
NT1 bodenreform
rt agrarstrukturpolitik
rt wirtschaftl entwicklung

AGRARSTRUKTUR
NT1 betriebsstruktur
NT1 produktionsstruktur
rt struktur

ARBEITSWIRTSCHAFT
NT1 arbeitsaufwand
NT1 arbeitsorganisation
NT2 arbeitseinteilung
NT1 arbeitsplanung
NT2 arbeitsbedarf
NT2 arbeitsnorm
NT2 arbeitsvertrag
NT1 arbeitsstudie
NT2 arbeitszeit
NT2 freizeit
NT2 ruhezeit

ARBEITSWIRTSCHAFT (C)
NT1 arbeitsteilung
NT1 arbeitsvertrag
NT1 entlohnung
NT2 geldlohn
NT2 naturallohn
NT2 stuecklohn
NT2 tariflohn
NT2 zeitlohn
NT1 lohntarif
rt arbeit
rt arbeitsbedingung
rt arbeitsrecht
rt erwerbstaetigkeit
rt freizeitbeschaeftigung
rt landw arbeitskraft
rt landw erwerbstaetige

BANK
NT1 entwicklungsbank
NT1 genossenschaftsbank
NT2 kreditgenossenschaft
NT1 handelsbank
NT1 industriekreditbank
NT1 investitionsbank
NT1 landw bank
NT1 sparkasse
rt finanzierungsinstitution

BEIHILFEFONDS
NT1 eagfl
NT1 eg-fonds fuer reg entwicklung
NT1 eg-sozialfonds
NT1 nationaler fonds
rt agrarmarktpolitik
rt entwicklungshilfe
rt investitionsfoerderung
rt regionale agrarpolitik
rt regionale wirtschaftl entwicklung

BERUF
NT1 arbeiter
NT1 betriebsleiter
NT1 landarbeiter
NT1 landwirt
NT1 lehrer

BETRIEBSANALYSE
NT1 produktionsfaktor
rt wirtschaftsanalyse

BETRIEBSERFOLG
NT1 arbeitsertrag
NT1 betriebseinkommen
NT1 betriebsverschuldung
NT2 konkurs
NT1 gewinn
NT1 reinertrag
NT1 roheinkommen
NT1 unternehmereinkommen
NT2 nichtlandw einkommen
NT1 verlust
rt rechnungswesen

BETRIEBSFLAECHE
NT1 ackerflaeche
NT1 landw genutzte flaeche
rt betriebsgroesse

BETRIEBSGROESSE
NT1 bestandsgroesse
NT1 parzellengroesse
rt betriebsflaeche
rt betriebsstruktur
rt grossbetrieb
rt kleinbetrieb
rt mittelbetrieb

BETRIEBSPLANUNG
NT1 betriebsmodell
NT1 deckungsbeitragsrechnung
NT1 finanzierungsplanung
NT2 budgetkalkulation
NT1 investitionsplanung

BETRIEBSPLANUNG (C)
NT2 risiko
NT2 unsicherheit
NT1 unternehmensfuehrung zielvorgabe
NT1 voranschlagsplanung
rt betriebsentwicklung
rt landw planung
rt planung
rt rechnungswesen

BETRIEBSSYSTEM
NT1 betriebstyp
NT2 betriebsgemeinschaft
NT2 familienbetrieb
NT2 grossbetrieb
NT2 kleinbetrieb
NT2 kleingarten
NT2 mittelbetrieb
NT2 nebenerwerbsbetrieb
NT3 nebenerwerbslandwirt
NT2 plantage
NT2 spezialisierter betrieb
NT2 vielseitiger betrieb
NT2 vollerwerbsbetrieb
NT1 entwicklungsbetrieb
NT1 extensive landwirtschaft
NT1 intensive landwirtschaft
NT1 marktbetrieb
NT1 subsistenzbetrieb
rt betriebsstruktur

BETRIEBSTELLIGUNG
rt agrarstrukturpolitik
rt bodenabgaberente

BETRIEBSZWEIG
NT1 nahrungsmittelproduktion
NT1 nebenbetrieb
NT1 pflanzenproduktion
NT2 ackerbau
NT2 futterbau
NT2 gartenbau
NT3 baumschule
NT3 gemuesebau
NT3 obstbau
NT3 zierpflanzenbau
NT2 waldbau
NT2 weidehaltung
NT2 weinbau
NT1 tierproduktion
NT2 aquakultur
NT2 bienenhaltung
NT2 fischhaltung
NT2 gefluegelhaltung
NT2 kleintierhaltung
NT2 pferdehaltung
NT2 rindviehhaltung
NT3 milchviehhaltung
NT2 schafhaltung
NT2 schweinehaltung
NT2 seidenraupe
NT2 ziegenhaltung
NT1 vielseitiger anbau
rt fischerei
rt jagd
rt landw betrieb

BETRIEBSZWEIGGEMEINSCHAFT
NT1 anbaugemeinschaft
NT1 erzeugergemeinschaft
NT1 gaec
NT1 groupement foncier agricole
NT1 safer
NT1 viehhaltungsgemeinschaft
NT1 waldgemeinschaft
NT1 weidegemeinschaft
rt betriebsgemeinschaft
rt gemeinschaftliche produktion
rt kooperation

BEWERTUNG
NT1 bodenpreis
NT1 einheitswert
NT1 grundrente

BEWERTUNG (C)
NT1 pachtpreis
rt entschaedigung

BILANZANALYSE
NT1 bilanz
NT2 aktiva
NT3 anlagevermoegen
NT3 umlaufvermoegen
NT4 finanzumlaufvermoegen
NT3 viehvermoegen
NT2 cash-flow
NT2 passiva
NT3 eigenkapital
NT3 fremdkapital
NT3 rechnungsabgrenzung
NT4 konsolidierte bilanz
NT3 rueckstellung
NT1 bilanzergebnis
NT1 bilanzneubewertung
NT1 jahresbilanz
rt rechnungswesen

BODEN
NT1 ackerflaeche
NT1 brache
NT1 forstflaeche
NT1 gewaesser
NT1 gruenland
NT2 dauergruenland
NT2 feldgrasbau
NT2 praerie
NT1 jungfraeulicher boden
NT1 neuland
NT2 polder
NT1 obstflaeche
NT1 oedland
NT1 rebflaeche
NT1 sozialbrache
rt bodennutzung
rt natuerliche ressourcen
rt produktionsfaktor

BODENANALYSE
rt bodenart
rt bodeneigenschaft

BODENART
rt bodenanalyse
rt bodeneigenschaft

BODENEIGENSCHAFT
NT1 bodenfeuchtigkeit
NT1 bodenfruchtbarkeit
rt bodenanalyse
rt bodenart

BODENFONDS
rt flaechenstillegung
rt safer

BODENNUTZUNGSFORM
NT1 bewaesserungswirtschaft
NT1 biologische landwirtschaft
NT1 dauerkulturwirtschaft
NT1 hydrokultur
NT1 terrassenkultur
NT1 trockenfeldbau
NT1 unterglasanbau
NT1 urwechselwirtschaft
rt feldfrucht

BUCHFUEHRUNG
NT1 abschreibung
NT2 abschreibungsverfahren
NT1 bestand
NT1 buchfuehrungssystem
NT2 doppelte buchfuehrung
NT2 einfache buchfuehrung
NT2 globale buchfuehrung
NT1 kontenplan
NT1 vorratsrechnung
rt rechnungswesen

DIENSTLEISTUNGSKOOPERATION
NT1 betriebshilfsdienst
NT2 banque de fourrage
NT2 banque de travail
NT2 maschinengemeinschaft
NT1 genossenschaftlicher pflanzenschutz
NT1 genossenschaftsbank
NT2 kreditgenossenschaft
NT1 meliorationsgenossenschaft
NT1 versicherungsgenossenschaft
NT1 zuchtgenossenschaft
rt kooperation

DUENGEMITTEL
NT1 handelsduenger
NT2 kali
NT2 kalk
NT2 kompost
NT2 mehrnaehrstoffduenger
NT2 phosphat
NT2 stickstoff
NT3 harnstoff
NT1 organischer duenger
NT2 gruenduenger
NT2 guano
NT2 guelle
NT2 stallmist
rt produktionsmittel

EFFIZIENZ
NT1 kapazitaetsausnutzung
rt auswertung
rt wirtschaftlichkeitsanalyse

EINFUHRBESCHRAENKUNG
NT1 abschoepfung
NT2 variable abschoepfung
rt handelsschranken

EINKOMMEN
NT1 einkommensverteilung
NT2 einkommensuebertragung
rt rechnungswesen
rt volkswirtsch gesamtrechnung

ELEKTRIFIZIERUNG
rt elektrizitaet
rt maschinenausstattung

ENTSCHAEDIGUNG
rt bewertung
rt enteignung
rt landw katastrophe
rt versicherungsleistung

ENTWICKLUNG DER LANDWIRTSCHAFT
NT1 agrarkrise
NT1 gruene revolution
NT1 land-stadt-wanderung
rt lage der landwirtschaft
rt sektorale wirtschaftl entwicklung

ENTWICKLUNGSHILFE
NT1 nahrungsmittelhilfe
NT1 technische hilfe
rt beihilfefonds
rt entwicklungsland
rt entwicklungspolitik
rt entwicklungsprojekt
rt internationales abkommen

ENTWICKLUNGSPOLITIK
rt entwicklungshilfe
rt politik

ERNAEHRUNG
rt eiweiss
rt ernaehrungsgewohnheit
rt ernaehrungspolitik
rt gesundheit
rt nahrungsbilanz

ERNAEHRUNGSPOLITIK
rt agrarpolitik

ERNAEHRUNGSPOLITIK (C)
rt ernaehrung
rt hunger
rt nahrungsbilanz
rt nahrungsmittelhilfe
rt nahrungsmittelproduktion
rt politik

ERTRAG
rt hochzuchtsorte
rt produktivitaet

FINANZIERUNG
NT1 eigenfinanzierung
NT1 ersparnis
NT1 fremdfinanzierung
NT1 kapitalertrag

FOERDERN
NT1 losetransport
rt lagerung
rt transport

FORSTPOLITIK
rt agrarpolitik
rt bodenordnung
rt forstflaeche
rt politik
rt umweltpolitik

FREMDENVERKEHR
NT1 urlaub auf dem bauernhof
rt nebenbetrieb

FUTTERMITTEL
NT1 gewerbliche futtermittel
NT2 eiweissfuttermittel
NT2 mischfuttermittel
NT2 oelkuchen
NT1 wirtschaftsfutter
NT2 gruenfutter
NT2 heu
NT2 rauhfutter
NT2 silage
NT2 stroh
NT2 trockenfutter
rt fuetterung
rt futterpflanze
rt produktionsmittel
rt zusatzsoff

GELDWIRTSCHAFT
NT1 deflation
NT1 inflation

GENEHMIGUNG
NT1 baugenehmigung
rt verordnung

GENOSSENSCHAFT
NT1 gesellschaft auf gegenseitigkeit
NT1 konsumgenossenschaft
NT1 mehrzweckgenossenschaft
NT1 molkereigenossenschaft
NT1 produktionsgenossenschaft
NT1 winzergenossenschaft
rt genossenschaftliche taetigkeit
rt kooperation
rt privatunternehmen

GENOSSENSCHAFTLICHE TAETIGKEIT
NT1 gemeinschaftliche produktion
NT1 handelsgenossenschaft
NT2 absatzgenossenschaft
NT2 einkaufsgenossenschaft
NT1 verhandlungsgenossenschaft
NT1 verwertungsgenossenschaft
rt genossenschaft

GEOGRAPHIE
NT1 landschaft
NT1 topographie
rt agrargeographie
rt karten

GEOGRAPHIE (C)
rt sozialgeographie
rt wirtschaftsgeographie

GESAMTDATEN
NT1 bruttosozialprodukt
NT1 endproduktion
NT1 endverbrauch
NT1 haushaltungsverbrauch
NT1 landw gesamtausgaben
NT1 verbraucherausgaben
NT2 haushaltungsausgaben
NT1 volkswirtsch kosten
NT1 vorleistungen
NT1 wertschoepfung
rt wirtschaftsrechnung

GESAMTRECHNUNG
NT1 regionale gesamtrechnung
NT1 volkswirtsch gesamtrechnung
rt rechnungswesen

GRUNDBESITZVERHAELTNISSE
NT1 eigenbewirtschaftung
NT1 pacht
NT2 pachtvertrag
NT1 teilpacht

HANDEL
NT1 aussenhandel
NT2 agraraussenhandel
NT2 ausfuhr
NT2 einfuhr
NT1 binnenhandel
NT1 innergemeinschaftlicher handel
NT1 internationaler handel
NT1 kauf
NT1 naturalhandel
NT1 transithandel
NT1 umsatz
NT1 verkauf
rt agraraussenhandel
rt handelsrecht

HANDELSPOLITIK
NT1 ausfuhrdiversifikation
NT1 ausfuhrfoerderung
NT2 ausfuhrbeihilfe
NT2 ausfuhrerstattung
NT2 ausfuhrkredit
NT1 einfuhrfoerderung
NT1 handelsbeziehungen
NT1 handelsbilanz
NT1 handelsliberalisierung
NT1 handelsvertrag
NT2 internationales abkommen
NT2 praeferenzabkommen
NT1 marktamt
NT1 warenkredit
NT2 leasing
NT1 wirtschaftsverhandlungen
NT2 gatt
NT2 unctad
rt politik

HANDELSSPANNE
rt absatzweg
rt verteilung

INDUSTRIE
NT1 laendliche industrie
rt inputindustrie
rt lebensmittelindustrie
rt non-food-industrie

INFRASTRUKTUR
rt planung im laendlichen raum

INPUTINDUSTRIE
NT1 chemische industrie
NT2 duengemittelindustrie
NT1 futtermittelindustrie
NT1 landmaschinenindustrie
NT1 saatgutwirtschaft

INPUTINDUSTRIE (C)
rt industrie
rt inputsektor
rt verarbeitung

INVESTITIONSPOLITIK
NT1 investitionsbedarf
NT1 investitionsfoerderung
NT2 betriebsentwicklung
NT3 foerderungsschwelle
NT2 kapitalbuergschaft
rt politik

JAGD
rt betriebszweig
rt freizeitbeschaeftigung
rt wild

KLIMA
NT1 mikroklima
rt klimazone
rt meteorologie

KLIMAFAKTOR
NT1 frost
NT1 niederschlag
NT2 hagel
NT2 regen
NT2 schnee
NT1 trockenheit
rt landw katastrophe
rt schadensfaelle

KLIMAZONE
NT1 feuchtzone
NT1 gemaessigte zone
NT1 trockenzone
NT2 wueste
NT3 wuestung
NT1 tropen
rt klima

KONSERVIERUNG
NT1 gefrieren
NT1 kuehlen
NT1 trocknung
rt silage
rt verarbeitung
rt verpacken
rt zusatzsoff

KOSTENANALYSE
NT1 geldertrag
NT1 kosten
NT2 produktionskosten
NT3 festkosten
NT3 gesamtkosten
NT3 istkosten
NT3 kalkulatorische kosten
NT3 spezialkosten
NT3 variable kosten
NT1 kostenrechnung
rt rechnungswesen

KREDITPOLITIK
NT1 kreditkontrolle
NT2 diskontsatz
NT2 zinssatz
NT3 zinsverbilligung
NT1 rueckzahlung
NT2 schuldenkonsolidierung
NT2 zinsendienst
rt anleihe
rt kreditverkehr
rt politik

KREDITVERKEHR
NT1 abzahlungskauf
NT1 anleihe
NT2 internationale anleihe
NT2 oeffentliche anleihe
NT2 privatanleihe
NT3 bankdarlehen
NT3 hypothek

KREDITVERKEHR (C)
NT1 kredit
NT2 agrarkredit
NT2 ausfuhrkredit
NT2 kurzfristiger kredit
NT2 langfristiger kredit
NT2 mittelfristiger kredit
NT2 warenkredit
NT3 leasing
NT1 verschuldung
NT2 auslandsverschuldung
NT2 oeffentliche verschuldung
NT2 vorrangig gesicherte schuld
rt kreditpolitik
rt landw warenwechsel

LAGE DER LANDWIRTSCHAFT
NT1 allokation der ressourcen
NT1 betriebsverschuldung
NT2 konkurs
NT1 disparitaet
NT1 investition
NT2 auslandsanlage
NT2 investition der oeffentlichen hand
NT2 neuinvestition
NT2 private kapitalanlage
NT1 kapitalverwendung
NT1 paritaet
NT1 produktivitaet
NT2 arbeitsproduktivitaet
NT2 flaechenproduktivitaet
NT2 kapitalproduktivitaet
rt entwicklung der landwirtschaft
rt wirtschaftsanalyse

LAGERUNG
NT1 kuehlhauslagerung
NT1 lagerhaltungskontrolle
NT1 lagerhaus
NT1 loselagerung
NT1 silo
NT1 tanklagerung
rt foerdern
rt vorrat

LANDTECHNIK
rt bodenverbesserung
rt dienstleistung
rt mechanisierung
rt technischer fortschritt

LANDW ARBEITSKRAFT
NT1 alten-mitarbeit
NT1 arbeitskrafteinheit
NT1 familienarbeitskraft
NT1 fremdarbeitskraft
NT2 facharbeitskraft
NT2 frauenarbeitskraft
NT2 nichtstaendige arbeitskraft
NT2 saisonarbeitskraft
NT2 staendige arbeitskraft
NT2 ungelernte arbeitskraft
NT2 wanderarbeiter
NT1 jugendliche arbeitskraft
NT1 kinderarbeit
rt arbeit
rt arbeitswirtschaft
rt erwerbstaetige
rt landarbeiter
rt landw erwerbstaetige

LANDW BETRIEB
NT1 kollektiv
NT2 kibbutz
NT2 kolchose
NT2 moschavim
NT1 private landwirtschaft
NT1 staatsbetrieb
rt betriebstyp
rt betriebszweig

LANDW KATASTROPHE
NT1 feuer
NT2 waldbrand

LANDW KATASTROPHE (C)
NT1 sturm
NT1 ueberschwemmung
rt beihilfe
rt entschaedigung
rt ernteversicherung
rt klimafaktor
rt naturkatastrophe
rt schadensfaelle

LANDW WARENWECHSEL
rt kreditverkehr

LEBENSMITTELINDUSTRIE
NT1 backwarenindustrie
NT2 teigwarenindustrie
NT1 catering
NT1 fischwirtschaft
NT1 fleischwirtschaft
NT2 schlachthof
NT1 getraenkeindustrie
NT2 branntweinwirtschaft
NT2 brauwirtschaft
NT2 kaffeewirtschaft
NT2 teewirtschaft
NT2 weinwirtschaft
NT1 kakaowirtschaft
NT1 konservenindustrie
NT1 milchwirtschaft
NT1 muehlenindustrie
NT1 oel- und fettindustrie
NT1 staerkeindustrie
NT1 suesswarenindustrie
NT1 tiefkuehlindustrie
NT1 zuckerindustrie
rt industrie
rt outputsektor
rt verarbeitung

MARKETING
NT1 ambulanter handel
NT1 bonus
NT1 marktteilung
NT1 rabatt
NT1 teilzahlungskauf
NT1 verkaufsfoerderung
NT2 kennzeichnung
NT3 guetezeichen
NT4 produktstandard
NT3 warenzeichen
NT2 produkteinfuehrung
NT2 produktgestaltung
NT2 produktimage
NT2 sonderangebot
NT2 werbung
NT3 messe
NT3 reklame
NT1 versandhandel
NT1 versteigerung
rt kauf
rt verkauf

MARKT
NT1 arbeitsmarkt
NT2 arbeitsmobilitaet
NT1 bodenmarkt
NT2 bodenmobilitaet
NT1 eg-markt
NT1 inlandsmarkt
NT1 kapitalmarkt
NT1 rohstoffmarkt
NT1 weltmarkt

MARKTFAKTOR
NT1 angebot
NT1 angebot und nachfrage
NT1 markttransparenz
NT2 preisberichterstattung
NT1 nachfrage
NT1 wettbewerb
NT2 vollstaendiger wettbewerb
NT2 wettbewerbsbeschraenkung
NT3 monopol
NT3 nachfragemonopol

MARKTFAKTOR (C)
NT3 nachfrageoligopol
NT3 oligopol
rt marktwirtschaft
rt wirtschaftstheorie

MARKTFORSCHUNG
NT1 marktstudie
NT1 verbraucherstudie
NT2 verbrauchermotivation
NT2 verbraucherpanel
rt absatz
rt absatzweg

MARKTSTANDARD
NT1 datierung
NT1 handelsklasse
NT1 qualitaetsstandard
NT1 quantitaetskontrolle
rt soziale norm

MASCHINENAUSSTATTUNG
NT1 geraete
NT1 maschine
NT2 erntemaschine
NT3 vollerntemaschine
NT2 schlepper
rt anlagevermoegen
rt elektrifizierung
rt mechanisierung
rt produktionsmittel

MECHANISIERUNG
NT1 instandhaltung
rt automation
rt landtechnik
rt maschinenausstattung

METEOROLOGIE
rt klima

NAHRUNGSWIRTSCHAFT
NT1 agribusiness
NT1 inputsektor
NT1 outputsektor

NICHTTARIFAERE HANDELSSCHRANKEN
NT1 steuerabkommen
rt handelsschranken

NON-FOOD-INDUSTRIE
(verarbeitung landw, nicht der ernaehrung dienender produkte)
NT1 holzindustrie
NT1 kautschuckindustrie
NT1 lederindustrie
NT1 papierindustrie
NT1 tabakindustrie
NT1 textilindustrie
NT2 baumwollindustrie
NT3 baumwollentkoernung
NT2 wollindustrie
rt industrie
rt verarbeitung

OEFFENTLICHE FINANZEN
NT1 agrarhaushalt
NT1 steuerwesen
NT2 direkte steuer
NT3 einkommensteuer
NT3 erbschaftssteuer
NT3 kapitalertragssteuer
NT4 grundsteuer
NT3 koerperschaftssteuer
NT2 indirekte steuer
NT3 grundverkehrssteuer
NT3 mehrwertsteuer
NT3 verbrauchssteuer
NT2 steuer
rt oeffentliche anleihe
rt oeffentliche verschuldung

PARASIT
rt pestizid

PARASIT (C)
rt pflanzenkrankheit
rt tierkrankheit

PESTIZID
NT1 akarizid
NT1 bakterizid
NT1 corvizid
NT1 fungizid
NT1 insektizid
NT1 larvizid
NT1 maulwurfsvertilgungsmittel
NT1 nematozid
NT1 ovizid
NT1 rodentizid
NT1 selektives herbizid
NT1 unkrautbekaempfungsmittel
NT1 virusbekaempfungsmittel
rt parasit
rt phytotoxizitaet
rt produktionsmittel

PFLANZENKRANKHEIT
rt gesundheitsrecht
rt parasit

PFLANZENSCHUTZVERFAHREN
NT1 abbrennen
NT1 ausjaeten
NT1 begasung
NT1 spritzung
rt integrierter pflanzenschutz

PFLANZENZUCHT
NT1 hybridzucht
NT1 pflanzgut
NT1 saatgut
NT1 sorte
NT2 hochzuchtsorte

PFLANZLICHE PRODUKTIONSTECHNIK
NT1 bodenbearbeitung
NT2 eggen
NT2 minimalbodenbearbeitung
NT2 neubepflanzung
NT2 pflanzung
NT2 pfluegen
NT2 pflugloser anbau
NT2 saeen
NT2 untergrundlockerung
NT2 walzen
NT1 bodenverbesserung
NT2 beregnung
NT2 bewaesserung
NT2 bodenschutz
NT2 duengung
NT2 entwaesserung
NT1 ernte
NT1 fruchtfolge
NT1 pflanzenpflege
NT2 astreinigung
NT2 biologischer pflanzenschutz
NT2 integrierter pflanzenschutz
NT2 pfropfen
NT2 schaedlingsbekaempfung
NT2 unkrautbekaempfung
NT2 vereinzeln
NT1 rodung
rt bodennutzung

PHYTOTOXIZITAET
rt pestizid

POLITIK
(im weitesten sinn, soweit kein spezifischer deskriptor vorhanden ist)
rt agrarfinanzpolitik
rt agrarmarktpolitik
rt agrarpolitik
rt agrarpreispolitik
rt agrarsozialpolitik
rt agrarstrukturpolitik
rt bildungspolitik
rt eg-agrarpolitik

POLITIK (C)
rt entwicklungspolitik
rt ernaehrungspolitik
rt forschungspolitik
rt forstpolitik
rt handelspolitik
rt intervention
rt investitionspolitik
rt kreditpolitik
rt nationale agrarpolit k
rt produktionspolitik
rt regionale agrarpolit k
rt sozialpolitik
rt stuetzungspolitik
rt umweltpolitik
rt waehrungspolitik

POLITISCHES SYSTEM
NT1 demokratie
NT2 parlament
NT1 diktatur
NT1 feudalismus
NT1 foederalismus
NT1 imperialismus
NT2 kolonialismus
NT1 kapitalismus
NT1 kommunismus
NT1 sozialismus
rt nationalismus

PREIS
NT1 agrarpreis
NT2 erzeugermindestpre s
NT2 interventionspreis
NT2 orientierungspreis
NT1 ausloesungspreis
NT1 durchschnittspreis
NT1 einschleusungspreis
NT1 einzelhandelspreis
NT1 erzeugerpreis
NT1 grosshandelspreis
NT1 grundpreis
NT1 hoechstpreis
NT1 kaufpreis
NT1 kosten-preis
NT1 marktpreis
NT1 mindestpreis
NT1 nahrungsmittelpreis
NT1 orientierungspreis
NT1 produktionsmittelpreis
NT1 referenzpreis
NT1 regulierter preis
NT1 richtpreis
NT1 ruecknahmepreis
NT1 schwellenpreis
NT1 stoppreis
NT1 verbraucherpreis
NT1 verkaufspreis
NT1 zielpreis
rt agrarpreispolitik

PREISBILDUNG
NT1 preiselastizitaet
NT1 preisfestsetzung
NT1 preiskontrolle
NT1 preisstabilisierung
NT1 preisstuetzung

PRODUKTION
NT1 inlandsproduktion
rt angebot
rt produktionspolitik

PRODUKTIONSMITTEL
rt duengemittel
rt futtermittel
rt maschinenausstattung
rt pestizid
rt pflanzgut
rt saatgut
rt selektives herbizid
rt treibstoff
rt wirtschaftsgebaeude

PRODUKTIONSPOLITIK
NT1 aenderung der produktionsstruktur
NT2 landwirtschaft-gartenbau
NT2 milch-rindfleisch-umstellung
NT1 flaechenstillegung
NT1 produktionslenkung
NT2 agro-industrielle beziehung
NT2 produktionsrichtlinie
NT2 produktionsueberschuss
NT1 produktionsstandort
rt agrarpolitik
rt agrarstrukturpolitik
rt politik
rt produktion

PROTEKTIONISMUS
NT1 diskriminierung
NT2 boykott
NT2 dumping
NT2 embargo
NT2 preisdiskriminierung
NT1 handelsschranken
NT2 ausfuhrbeschraenkung
NT1 kontingentierung

QUALITAET
rt guetezeichen
rt qualitaetsstandard

RECHNUNGSWESEN
NT1 landw gesamtrechnung
rt betriebserfolg
rt betriebsplanung
rt bilanzanalyse
rt buchfuehrung
rt einkommen
rt gesamtrechnung
rt input-output-analyse
rt kostenanalyse
rt regionale gesamtrechnung
rt volkswirtsch gesamtrechnung

REGION
NT1 agrarregion
NT1 verwaltungsgebiet
NT1 wirtschaftsregion

SCHADENSFAELLE
rt beihilfe
rt klimafaktor
rt landw katastrophe

SCHADSTOFF
rt landw belastung
rt landwirtschaft als geschaedigte

SOZIALE SICHERUNG
NT1 alterssicherung
NT1 arbeitslosenversicherung
NT1 geburtenhilfe
NT1 kindergeld
NT1 lebensversicherung
NT1 sozialhilfe
NT1 sozialversicherung
NT2 krankenversicherung
NT2 rentenversicherung
NT1 unfallversicherung
NT1 vorsorge
rt agrarsozialpolitik
rt rechtssystem
rt sozialpolitik
rt versicherung

SOZIOOEKONOM ORGANISATIONSFORM
NT1 dezentralisierung
NT1 diversifikation
NT1 integration
NT2 horizontale integration
NT2 vertikale integration
NT1 konzentration
NT2 betriebsfusion
NT1 kooperation
NT1 koordination
NT1 rationalisierung

SOZIOOEKONOM ORGANISATIONSFORM (C)
NT1 spezialisierung
NT1 zentralisierung

STRUKTUR
(soweit kein spezifischer deskriptor vorhanden ist)
rt agrarstruktur
rt betriebsstruktur
rt bevoelkerungsstruktur
rt familienstruktur
rt produktionsstruktur
rt sozialstruktur

SUBSTITUTION
rt elastizitaet
rt ersatzlebensmittel

TIERARZNEIMITTEL
rt veterinaerdienst

TIERISCHE PRODUKTIONSTECHNIK
NT1 aufzucht
NT2 extensive viehhaltung
NT2 gewerbliche viehhaltung
NT2 mutterlose aufzucht
NT1 fuetterung
NT2 futterbedarf
NT2 futterration
NT2 futterverwertung
NT2 mast
NT3 extensivmast
NT3 intensivmast
NT3 stallmast
NT1 melken
NT1 tierschutz
NT1 tierzucht
NT2 decken
NT2 kreuzungszucht
NT2 kuenstliche besamung
NT2 rasse
NT2 selektionszucht
NT1 viehhaltung
NT2 entmistung
NT2 stallhaltung
NT2 wandertierhaltung
NT2 weidehaltung
NT2 weidewirtschaft
NT1 zuchtverbesserung

TIERKRANKHEIT
rt gesundheitsrecht
rt parasit
rt veterinaerdienst

TRANSPORT
NT1 bahntransport
NT1 binnenschiffstransport
NT1 binnentransport
NT1 containertransport
NT1 internationaler transport
NT1 lufttransport
NT1 sammeln
NT1 seetransport
NT1 strassentransport
rt foerdern

TREIBSTOFF
rt elektrizitaet
rt energie
rt produktionsmittel

UMWELTPOLITIK
NT1 landschaftspflege
NT1 landw belastung
NT2 abfallbeseitigung
NT2 landw abfall
NT3 ernterueckstand
NT3 tierischer abfall
NT1 landwirtschaft als geschaedigte
NT2 luftverschmutzung
NT2 wasserverschmutzung
NT1 naturschutz
NT1 umweltschutz

UMWELTPOLITIK (C)
rt forstpolitik
rt politik
rt raumplanung
rt umwelt

UNTERNEHMEN
NT1 auslaendisches unternehmen
NT1 konglomerat
NT1 multinationales unternehmen
NT1 privatunternehmen
NT2 handelsgesellschaft
NT2 teilhabergesellschaft
NT1 staatliches unternehmen
NT1 unternehmen der oeffentlichen hand

VERARBEITUNG
(ohne informationsverarbeitung)
rt inputindustrie
rt konservierung
rt lebensmittelindustrie
rt non-food-industrie
rt verarbeitungsprodukt

VERBRAUCH
NT1 eigenverbrauch
NT1 haushaltungsverbrauch
NT1 inlandsverbrauch
NT1 pro-kopf-verbrauch
NT1 verbrauchseinheit
rt nachfrage

VERBRAUCHERSCHUTZ
NT1 betrugsverhuetung
NT1 qualitaetskontrolle
NT2 herkunftsbezeichnung
NT2 qualitaetsbezeichnung
NT1 verbraucherinformation
rt lebensmitteluerberwachung

VERPACKEN
NT1 abfuellen
NT1 eindosen
rt kennzeichnung
rt konservierung
rt verpackung

VERPACKUNG
rt produktgestaltung
rt verpacken

VERSICHERUNG
NT1 ausfuhrversicherung
NT1 beitrag
NT1 kreditversicherung
NT1 landw versicherung
NT2 ernteversicherung
NT2 feuerversicherung
NT2 hagelversicherung
NT2 viehversicherung
NT1 versicherungsleistung
rt alterssicherung
rt arbeitslosenversicherung
rt geburtenhilfe
rt krankenversicherung
rt soziale sicherung
rt sozialhilfe
rt sozialversicherung
rt unfallversicherung
rt vorsorge

VERSORGUNGSBILANZ
NT1 marktanteil
NT1 nahrungsbilanz
NT1 selbstversorgung
rt angebot
rt angebot und nachfrage
rt handelsbilanz
rt nachfrage
rt vorrat

VERTRAGSLANDWIRTSCHAFT
rt vertikale integration

VORRAT
NT1 vorratsregulierung
rt beihilfe fuer lagerhaltung
rt lagerung
rt produktionsueberschuss
rt versorgungsbilanz

WAEHRUNG
NT1 devisen
NT1 eg-rechnungseinheit
NT1 gruene waehrung
NT1 landeswaehrung
NT1 nicht frei konvertierbare waehrung

WAEHRUNGSPOLITIK
NT1 waehrungsabkommen
NT1 waehrungsparitaet
NT2 abwertung
NT2 aufwertung
NT1 waehrungsreform
NT1 waehrungsunion
rt politik

WAEHRUNGSSYSTEM
NT1 ziehungsrecht

WASSER
rt bewaesserung
rt wasserstrasse
rt wasserverschmutzung
rt wasserwirtschaft

WILDARTEN
NT1 fauna
NT1 flora

WIRTSCHAFT
NT1 agrarwirtschaft
rt wirtschaftstheorie

WIRTSCHAFTL ENTWICKLUNG
NT1 konjunktur
NT2 konjunkturrueckgang
NT2 konjunkturschwankung
NT3 saisonale schwankung
NT3 trend
NT3 zyklus
NT2 stabilisierung
NT2 stagnation
NT2 wirtschaftsaufschwung
NT1 regionale wirtschaftl entwicklung
NT1 sektorale wirtschaftl entwicklung
NT1 wirtschaftswachstum
NT2 wachstumsrate
rt agrarreform
rt sozialer wandel

WIRTSCHAFTL LAGE
NT1 wirtschaftl ressourcen
NT2 energie
NT3 elektrizitaet
NT3 solarenergie
NT2 kapital
NT2 menschliche ressourcen
NT3 arbeit
NT3 management
NT4 betriebsfuehrung
NT4 selbstverwaltung
NT2 natuerliche ressourcen
NT2 produktionspotential

WIRTSCHAFTLICHKEITSANALYSE
NT1 liquiditaet
NT1 produktivitaet
NT2 arbeitsproduktivitaet
NT2 flaechenproduktivitaet
NT2 kapitalproduktivitaet
NT1 rentabilitaet
NT2 deckungsbeitrag
NT2 rentabilitaetsschwelle
rt effizienz

WIRTSCHAFTSANALYSE
NT1 grenzwertanalyse

WIRTSCHAFTSANALYSE (C)
NT2 grenzertrag
NT2 grenzkosten
rt betriebsanalyse
rt deckungsbeitragsrechnung
rt input-output-analyse
rt lage der landwirtschaft

WIRTSCHAFTSEINHEIT
NT1 betriebseinheit
NT1 finanzierungsinstitution
NT1 haushaltung
NT2 landw haushaltung
rt arbeitskrafteinheit

WIRTSCHAFTSGEBAEUDE
NT1 stallgebaeude
rt anlagevermoegen
rt produktionsmittel

WIRTSCHAFTSGEMEINSCHAFT
NT1 gemeinsamer markt
NT1 zollunion
rt waehrungsunion

WIRTSCHAFTSGEOGRAPHIE
NT1 agrarland
NT1 entwickeltes land
NT1 entwicklungsland
NT1 vierte welt
rt geographie

WIRTSCHAFTSRECHNUNG
NT1 betriebsrechnung
NT1 einkommensrechnung
NT1 kapitalrechnung
NT1 produktionsergebnis
rt gesamtdaten

WIRTSCHAFTSSEKTOR
NT1 primaerer sektor
NT2 agrarsektor
NT1 sekundaerer sektor
NT1 tertiaerer sektor
NT2 dienstleistung
NT3 veterinaerdienst
NT2 oeffentliche dienstleistung
rt sektorale wirtschaftl entwicklung

WIRTSCHAFTSSOZIOLOGIE
NT1 verbraucherverhalten
NT2 ernaehrungsgewohnheit
NT2 kaufverhalten
NT1 verhalten der landwirte
rt verbraucherausgaben
rt verbrauchermotivation

WIRTSCHAFTSTHEORIE
NT1 entwicklungstheorie
NT2 wirtschaftl dualismus
NT1 gleichgewichtstheorie
NT1 oekonomische schule
NT2 keynestheorie
NT2 klassische wirtschaftstheorie
NT2 marxistische wirtschaftstheorie
NT2 neoklassische wirtschaftstheorie
NT1 standorttheorie
NT1 wachstumstheorie
NT1 wirtschaftsgrundsaetze
NT2 groesseneffekte
rt marktfaktor
rt wirtschaft

WIRTSCHAFTSYSTEM
NT1 gemischte wirtschaft
NT2 soziale marktwirtschaft
NT1 marktwirtschaft
NT2 wettbewerbswirtschaft
NT1 planwirtschaft

ZAHLUNGSBILANZ
NT1 terms of trade
rt auslandsverschuldung
rt handelsbilanz

ZOLL
NT1 vorzugszoll
rt handelsschranken
rt indirekte steuer
rt variable abschoepfung

AGRARWISSENSCHAFT
rt landw forschung

BERATUNG
NT1 berater
NT1 beratungsstelle
rt agrarpresse
rt information
rt kommunikation
rt massenmedien
rt verbreitung forschungsergebnisse

BILDUNG
NT1 analphabetentum
NT1 berufsausbildung
NT2 betriebsausbildung
NT2 lehre
NT2 praktikum
NT2 umschulung
NT1 erwachsenenbildung
NT1 fachhochschulbildung
NT1 hochschulbildung
NT1 landw unterrichtswesen
NT1 schulbildung
NT2 grundschulbildung
NT2 weiterbildung
rt bildungsplan
rt freizeitbeschaeftigung
rt lehrer

BILDUNGSPLAN
rt analphabetentum
rt bildung

BILDUNGSPOLITIK
NT1 ausbildungsabgabe
NT1 ausbildungsbeihilfe
NT1 bildungsreform
NT1 bildungsurlaub
NT1 lehrvertrag
rt politik

FORSCHUNG
NT1 angewandte forschung
NT1 grundlagenforschung
NT1 landw forschung
NT1 private forschung
NT1 staatliche forschung
NT1 universitaere forschung

FORSCHUNGSORGANISATION
NT1 forschungsinstitution
NT2 forschungsanstalt
NT2 forschungsgesellschaft
NT2 forschungsinstitut
NT2 versuchsbetrieb
NT2 versuchsstation
NT1 forschungspersonal
NT2 forscher
NT3 agraroekonom
NT3 landsoziologe
NT2 forschungsteam

FORSCHUNGSPOLITIK
NT1 forschungsanwendung
NT1 forschungsauswertung
NT1 forschungsfinanzierung
NT1 forschungsplanung
NT2 forschungsprojekt
NT1 forschungsvertrag
NT1 verbreitung forschungsergebnisse
rt politik

LEHRMETHODE
NT1 audiovisuelle mittel
NT2 schulfernsehen
NT2 schulfunk
NT1 betriebsplanspiel
NT1 fallstudie
NT1 gruppendiskussion
NT1 programmierter unterricht
NT1 seminar

STUDENT
rt lehrer

AFRIKA
NT1 afrika suedlich der sahara
NT2 ostafrika
NT3 aethiopien
NT3 afar-issa-territorium
NT3 burundi
NT3 kenia
NT3 malawi
NT3 ruanda
NT3 seychellen
NT3 somalia
NT3 sudan
NT3 tansania
NT3 uganda
NT2 suedliches afrika
NT3 angola
NT3 botswana
NT3 komoren
NT3 lesotho
NT3 madagaskar
NT3 malawi
NT3 mauritius
NT3 mosambik
NT3 namibia
NT3 reunion
NT3 rhodesien
NT3 sambia
NT3 st helena
NT3 suedafrika
NT3 swasiland
NT2 westafrika
NT3 benin
NT3 elfenbeinkueste
NT3 gambia
NT3 ghana
NT3 guinea
NT3 guinea-bissau
NT3 kamerun
NT3 kap verde
NT3 liberia
NT3 mali
NT3 mauretanien
NT3 niger
NT3 nigeria
NT3 obervolta
NT3 senegal
NT3 sierra leone
NT3 st helena
NT3 togo
NT3 westsahara
NT2 zentralafrika
NT3 aequatorialguinea
NT3 burundi
NT3 gabun
NT3 kamerun
NT3 kongo
NT3 ruanda
NT3 sao tome und principe
NT3 tschad
NT3 zaire
NT3 zentralafrikanisches reich
NT1 nordafrika
NT2 aegypten
NT2 algerien
NT2 libyen
NT2 marokko
NT2 tunesien
rt englischsprachiges afrika
rt franzoesischsprachiges afrika

AMERIKA
NT1 karibischer raum
NT2 amerikanische jungferninseln
NT2 bahamas
NT2 barbados
NT2 dominikanische republik
NT2 guadeloupe
NT2 haiti
NT2 jamaika
NT2 kayman-inseln
NT2 kuba
NT2 martinique
NT2 montserrat
NT2 niederlaendische antillen

AMERIKA (C)
NT2 puerto rico
NT2 tortola
NT2 trinidad und tobago
NT2 turks- und caicosinseln
NT2 westindische staatengruppe
NT3 antigua
NT3 dominika
NT3 grenada
NT3 st christoph-nevis-anguilla
NT3 st lucia
NT3 st vincent
NT1 mittelamerika
NT2 belize
NT2 costa rica
NT2 dominikanische republik
NT2 el salvador
NT2 guatemala
NT2 haiti
NT2 honduras
NT2 jamaika
NT2 kuba
NT2 nicaragua
NT2 panama
NT2 panamakanal-zone
NT2 puerto rico
NT1 nordamerika
NT2 bermudas
NT2 groenland
NT2 kanada
NT2 mexiko
NT2 st pierre und miquelon
NT2 usa
NT1 suedamerika
NT2 argentinien
NT2 bolivien
NT2 brasilien
NT2 chile
NT2 ecuador
NT2 falklandinseln
NT2 franzoesisch-guayana
NT2 guayana
NT2 kolumbien
NT2 paraguay
NT2 peru
NT2 surinam
NT2 uruguay
NT2 venezuela

ANTARKTIS
rt australien
rt frankreich
rt norwegen
rt vereinigtes koenigreich

ARABISCHE LAENDER
NT1 aegypten
NT1 algerien
NT1 irak
NT1 jemen
NT1 jemen dvr
NT1 jordanien
NT1 libanon
NT1 libyen
NT1 marokko
NT1 saudi-arabien
NT1 sudan
NT1 syrien
NT1 tunesien
rt nordafrika

ASIEN
NT1 ostasien
NT2 china
NT2 hongkong
NT2 japan
NT2 korea dvr
NT2 korea r
NT2 macao
NT2 mongolei
NT1 staaten des persischen golfs
NT2 bahrein
NT2 foederation der arabischen emirate
NT2 katar

ASIEN (C)
NT2 kuweit
NT1 suedostasien
NT2 bangladesch
NT2 bhutan
NT2 birma
NT2 brunei
NT2 indien
NT2 indochina
NT3 kampuchea
NT3 lao
NT3 vietnam
NT2 indonesien
NT2 malaysia
NT2 malediven
NT2 nepal
NT2 pakistan
NT2 philippinen
NT2 portugiesisch-timor
NT2 singapur
NT2 sri lanka
NT2 thailand
NT1 westasien
NT2 afghanistan
NT2 irak
NT2 iran
NT2 israel
NT2 jemen
NT2 jemen dvr
NT2 jordanien
NT2 libanon
NT2 oman
NT2 saudi-arabien
NT2 syrien
NT2 zypern

COMMONWEALTH
rt australien
rt bahamas
rt bangladesch
rt barbados
rt botswana
rt fidschi
rt gambia
rt ghana
rt granatapfel
rt guayana
rt indien
rt jamaika
rt kanada
rt kenia
rt lesotho
rt malawi
rt malaysia
rt malta
rt mauritius
rt nauru
rt neuseeland
rt nigeria
rt papua neuguinea
rt sambia
rt sierra leone
rt singapur
rt sri lanka
rt swasiland
rt tonga
rt trinidad und tobago
rt uganda
rt vereinigtes koenigreich
rt westsamoa
rt zypern

ENGLISCHSPRACHIGES AFRIKA
rt aegypten
rt afrika
rt botswana
rt franzoesischsprachiges afrika
rt gambia
rt ghana
rt kenia
rt lesotho
rt liberia
rt libyen
rt malawi

ENGLISCHSPRACHIGES AFRIKA (C)
rt mauritius
rt namibia
rt nigeria
rt rhodesien
rt sambia
rt sierra leone
rt st helena
rt sudan
rt suedafrika
rt swasiland
rt tansania
rt uganda

EUROPA
NT1 osteuropa
NT2 albanien
NT2 bjelorussische republik
NT2 bulgarien
NT2 deutsche demokratische republik
NT2 jugoslawien
NT2 polen
NT2 rumaenien
NT2 tschechoslowakei
NT2 udssr
NT2 ukraine
NT2 ungarn
NT1 westeuropa
NT2 andorra
NT2 azoren
NT2 belgien
NT3 belgien (antwerpen)
NT3 belgien (brabant)
NT3 belgien (hainaut)
NT3 belgien (liege)
NT3 belgien (limburg)
NT3 belgien (namur)
NT3 belgien (oost-vlaanderen)
NT3 belgien (west-vlaanderen)
NT2 bundesrepublik deutschland
NT3 brd (baden-wuerttemberg)
NT3 brd (bayern)
NT3 brd (hessen)
NT3 brd (niedersachsen)
NT3 brd (nordrhein-westfalen)
NT3 brd (rheinland-pfalz)
NT3 brd (saarland)
NT3 brd (schleswig-holstein)
NT2 frankreich
NT3 frankreich (r. alsace)
NT3 frankreich (r. aquitaine)
NT3 frankreich (r. auvergne)
NT3 frankreich (r. basse normandie)
NT3 frankreich (r. bourgogne)
NT3 frankreich (r. bretagne)
NT3 frankreich (r. centre)
NT3 frankreich (r. champagne ardennes)
NT3 frankreich (r. corse)
NT3 frankreich (r. departements et terr
NT3 frankreich (r. franche comte)
NT3 frankreich (r. haute normandie)
NT3 frankreich (r. ile de france)
NT3 frankreich (r. languedoc roussillon
NT3 frankreich (r. limousin)
NT3 frankreich (r. lorraine)
NT3 frankreich (r. midi pyrenees)
NT3 frankreich (r. nord pas de calais)
NT3 frankreich (r. pays de la loire)
NT3 frankreich (r. picardie)
NT3 frankreich (r. poitou charentes)
NT3 frankreich (r. provence alpes cote
NT3 frankreich (r. rhone alpes)
NT2 gibraltar
NT2 griechenland
NT2 irland
NT3 irland (connacht)
NT3 irland (leinster)
NT3 irland (munster)
NT2 italien
NT3 italien (abruzzi)
NT3 italien (basilicata)
NT3 italien (calabria)
NT3 italien (campania)
NT3 italien (emilia-romagna)

EUROPA (C)
NT3 italien (friuli-venezia giulia)
NT3 italien (lazio)
NT3 italien (liguria)
NT3 italien (lombardia)
NT3 italien (marche)
NT3 italien (molise)
NT3 italien (piemonte)
NT3 italien (puglia)
NT3 italien (sardegna)
NT3 italien (sicilia)
NT3 italien (toscana)
NT3 italien (trentino-alto adige)
NT3 italien (umbria)
NT3 italien (valle d'aosta)
NT3 italien (veneto)
NT2 kanarische inseln
NT2 liechtenstein
NT2 luxemburg
NT2 madeira
NT2 malta
NT2 monaco
NT2 niederlande
NT3 niederlande (drenthe)
NT3 niederlande (friesland)
NT3 niederlande (gelderland)
NT3 niederlande (groningen)
NT3 niederlande (noord-brabant)
NT3 niederlande (noord-holland)
NT3 niederlande (overijssel)
NT3 niederlande (utrecht)
NT3 niederlande (zeeland)
NT3 niederlande (zuid-holland)
NT3 niederlande (zuid-limburg)
NT2 oesterreich
NT2 portugal
NT2 san marino
NT2 schweiz
NT2 skandinavien
NT3 daenemark
NT4 daenemark (bornholm)
NT4 daenemark (fyn)
NT4 daenemark (jylland)
NT4 daenemark (lolland-falster)
NT4 daenemark (sjaelland)
NT3 faroeer inseln
NT3 finnland
NT3 groenland
NT3 island
NT3 norwegen
NT3 schweden
NT2 spanien
NT2 tuerkei
NT2 vatikan
NT2 vereinigtes koenigreich
NT3 gb (channel islands)
NT3 gb (england and wales)
NT4 gb (e.england)
NT4 gb (e.midlands)
NT4 gb (n.england)
NT4 gb (s.w.england)
NT4 gb (w.midlands)
NT4 gb (wales)
NT4 gb (york/lancs)
NT3 gb (isle of man)
NT3 gb (n.ireland)
NT3 gb (scotland)
NT4 gb (e.scotland)
NT4 gb (highlands and islands)
NT4 gb (n.scotland)
NT4 gb (w.scotland)
NT2 zypern
rt europaeische gemeinschaften

FRANZOESISCHSPRACHIGES AFRIKA
rt afar-issa-territorium
rt afrika
rt algerien
rt benin
rt burundi
rt elfenbeinkueste
rt englischsprachiges afrika
rt gabun
rt guinea

FRANZOESISCHSPRACHIGES AFRIKA (C)
rt kamerun
rt komoren
rt kongo
rt madagaskar
rt mali
rt marokko
rt mauretanien
rt niger
rt obervolta
rt reunion
rt ruanda
rt senegal
rt togo
rt tschad
rt tunesien
rt zaire
rt zentralafrikanisches reich

MITTELMEERLAENDER
NT1 aegypten
NT1 albanien
NT1 algerien
NT1 frankreich
NT2 frankreich (r. alsace)
NT2 frankreich (r. aquitaine)
NT2 frankreich (r. auvergne)
NT2 frankreich (r. basse normandie)
NT2 frankreich (r. bourgogne)
NT2 frankreich (r. bretagne)
NT2 frankreich (r. centre)
NT2 frankreich (r. champagne ardennes)
NT2 frankreich (r. corse)
NT2 frankreich (r. departements et terr
NT2 frankreich (r. franche comte)
NT2 frankreich (r. haute normandie)
NT2 frankreich (r. ile de france)
NT2 frankreich (r. languedoc roussillon
NT2 frankreich (r. limousin)
NT2 frankreich (r. lorraine)
NT2 frankreich (r. midi pyrenees)
NT2 frankreich (r. nord pas de calais)
NT2 frankreich (r. pays de la loire)
NT2 frankreich (r. picardie)
NT2 frankreich (r. poitou charentes)
NT2 frankreich (r. provence alpes cote
NT2 frankreich (r. rhone alpes)
NT1 gibraltar
NT1 griechenland
NT1 israel
NT1 italien
NT2 italien (abruzzi)
NT2 italien (basilicata)
NT2 italien (calabria)
NT2 italien (campania)
NT2 italien (emilia-romagna)
NT2 italien (friuli-venezia giulia)
NT2 italien (lazio)
NT2 italien (liguria)
NT2 italien (lombardia)
NT2 italien (marche)
NT2 italien (molise)
NT2 italien (piemonte)
NT2 italien (puglia)
NT2 italien (sardegna)
NT2 italien (sicilia)
NT2 italien (toscana)
NT2 italien (trentino-alto adige)
NT2 italien (umbria)
NT2 italien (valle d'aosta)
NT2 italien (veneto)
NT1 jugoslawien
NT1 libanon
NT1 libyen
NT1 malta
NT1 marokko
NT1 monaco
NT1 san marino
NT1 spanien
NT1 syrien
NT1 tuerkei
NT1 tunesien
NT1 zypern

ORGANISATIONEN
NT1 akp-laender
NT1 cacm
NT1 comecon
NT1 efta
NT1 europaeische gemeinschaften
NT1 europaeisches parlament
NT1 fao
NT1 lafta
NT1 oecd
NT1 un
NT1 unesco
NT1 weltbank
NT1 who
rt interessengruppe
rt mitglied

OZEANIEN
NT1 australien
NT1 fidschi
NT1 nauru
NT1 neue hebriden
NT1 neuseeland
NT1 papua neuguinea
NT1 pazifische inseln au
NT1 pazifische inseln fr
NT2 franzoesisch-polynesien
NT2 neukaledonien
NT1 pazifische inseln gb
NT1 pazifische inseln nz
NT1 pazifische inseln us
NT1 tonga
NT1 westsamoa

AENDERUNG
rt bevoelkerungsentwicklung
rt sozialer wandel
rt trend

ALTER
NT1 alte
NT1 altersgruppe
NT1 altersstruktur
NT2 bevoelkerungspyramide
NT1 altersunterschied
NT1 erwachsener
NT1 generation
NT1 jugend
NT2 landjugend
NT1 kindheit

ARBEITSBEDINGUNG
NT1 arbeitsbefriedigung
NT1 arbeitsbelastung
NT1 arbeitskonflikt
NT1 arbeitsplatz
NT1 arbeitssicherheit
NT2 berufskrankheit
NT2 unfallverhuetung
NT1 arbeitszeit
NT1 ausscheiden aus dem arbeitsleben
NT1 einstellung zur arbeit
rt arbeitsschutz
rt arbeitswirtschaft
rt soziologie der arbeit

BEVOELKERUNG
NT1 bevoelkerungsstruktur
NT2 erwerbstaetige
NT3 landw erwerbstaetige
NT2 laendliche bevoelkerung
NT2 landw bevoelkerung
NT2 nicht-erwerbstaetige
NT3 altenteiler
NT3 arbeitsloser
NT2 staedtische bevoelkerung
rt demographie

BEVOELKERUNGSENTWICKLUNG
NT1 bevoelkerungsdichte
NT1 bevoelkerungsdruck
NT1 bevoelkerungsgleichgewicht
NT1 bevoelkerungsprognose
NT1 bevoelkerungsrueckgang
NT1 bevoelkerungswachstum
NT1 familienplanung
NT1 geburtenrate
NT1 gesundheit
NT1 sterblichkeit
rt aenderung

DEMOGRAPHIE
rt bevoelkerung

ENTSCHEIDUNGSFINDUNG
NT1 aktion
NT1 denken
NT1 erkennen
NT1 motivation
rt bayesische theorie

ERWERBSTAETIGKEIT
NT1 arbeitslosigkeit
NT2 saisonale arbeitslosigkeit
NT2 strukturelle arbeitslosigkeit
NT1 ausserbetriebl erwerbstaetigkeit
NT1 berufswechsel
NT1 unterbeschaeftigung
rt arbeit
rt arbeitswirtschaft

FAMILIE
NT1 ehe
NT2 ehescheidung
NT2 heiratsalter
NT1 familie und umwelt
NT1 familiengroesse
NT2 eltern

FAMILIE (C)
NT3 mutter
NT3 vater
NT2 grosseltern
NT2 jugend
NT3 landjugend
NT2 kinder
NT3 sohn
NT3 tochter
NT2 verwandtschaft
NT1 landw familie
NT1 sexualverhalten
rt haushaltung
rt kleingruppe

FAMILIENLEBEN
NT1 desorganisation der familie
NT1 generationenkonflikt
NT2 eltern-kind-beziehung
NT1 integration in die familie
NT1 stellung der frau

FAMILIENSTRUKTUR
NT1 familienhaupt
NT1 grossfamilie
NT2 mehrgenerationen-familie
NT1 kernfamilie
NT2 ein-generation-familie
NT2 zwei-generationen-familie
NT1 matriarchat
NT1 partnerschaft
NT1 patriarchat
rt familiengroesse
rt struktur

FRAU
NT1 landfrau
rt frauenarbeitskraft
rt stellung der frau

FREIZEITBESCHAEFTIGUNG
NT1 sport
NT1 unterhaltung
rt arbeitswirtschaft
rt bildung
rt fischerei
rt jagd
rt massenmedien

GESELLSCHAFT
NT1 agrargesellschaft
NT2 bauerntum
NT1 industriegesellschaft
NT1 laendliche gesellschaft
NT1 massengesellschaft
NT1 pluralistische gesellschaft
NT1 staedtische gesellschaft
NT1 wanderweide
NT2 nomade

GRUPPE
NT1 altersgruppe
NT1 arbeitsgruppe
NT1 ethnische gruppe
NT1 gruppengroesse
NT2 grossgruppe
NT2 kleingruppe
NT3 nachbarschaft
NT1 gruppenintegration
NT2 gruppenbewusstsein
NT2 gruppeninteraktion
NT2 gruppensolidaritaet
NT2 gruppenverhalten
NT1 interessengruppe
NT2 bauernverband
NT2 gewerkschaft
NT2 interessenvertretung
NT2 landarbeitergewerkschaft
NT2 wirtschaftsverband
NT1 mitglied
NT2 person und gruppe
NT1 mitgliedergruppe
rt kommune

KOMMUNE
rt gruppe
rt kollektiv
rt kooperation

KOMMUNIKATION
rt beratung
rt information
rt massenmedien

KULTUR
NT1 kulturelle entwicklung
NT1 kulturelle umwelt
NT2 kulturelle anpassung
NT2 kulturelle differenzierung
NT2 kulturelle integration
NT1 kulturelles besitztum
NT1 werte
NT1 wertsystem
NT1 zivilisation
rt sozialanthropologie

LAENDLICHE SOZIALFORSCHUNG
NT1 soziologische analyse
NT1 soziologische methode
NT1 soziologische theorie
rt dokumentation
rt forschungsinstitution
rt sozialgeographie

LAENDLICHE SOZIOLOGIE
rt land-stadt-wanderung

LAENDLICHE WIRTSCHAFT
NT1 laendliche arbeitslosigkeit

LANDW ARBEITSKRAFT
NT1 alten-mitarbeit
NT1 arbeitskrafteinheit
NT1 familienarbeitskraft
NT1 fremdarbeitskraft
NT2 facharbeitskraft
NT2 frauenarbeitskraft
NT2 nichtstaendige arbeitskraft
NT2 saisonarbeitskraft
NT2 staendige arbeitskraft
NT2 ungelernte arbeitskraft
NT2 wanderarbeiter
NT1 jugendliche arbeitskraft
NT1 kinderarbeit
rt arbeit
rt arbeitswirtschaft
rt erwerbstaetige
rt landarbeiter
rt landw erwerbstaetige

LEBENSVERHAELTNISSE
NT1 laendliche wohlfahrt
NT1 landw wohnung
NT2 wohngebaeude
NT1 lebensstandard
NT2 armut
NT3 hunger
NT2 existenzminimum
rt sozialoekonomischer status

MASSENMEDIEN
NT1 fernsehen
NT1 film
NT1 presse
NT2 agrarpresse
NT1 rundfunk
rt beratung
rt freizeitbeschaeftigung
rt information
rt kommunikation

NATION
rt nationalismus

NATIONALISMUS
NT1 nationalbewusstsein
NT1 nationalcharakter
rt nation

NATIONALISMUS (C)
- rt politisches system

PERSON
- NT1 charakter
- NT1 identitaet
- NT1 selbsteinschaetzung
- NT1 selbsterkenntnis
- NT1 zwischenmenschliche beziehungen

SOZIALANTHROPOLOGIE
- NT1 ethnische gruppe
- rt kultur

SOZIALER WANDEL
- NT1 fortschritt
  - NT2 industrialisierung
  - NT2 innovation
  - NT2 technischer fortschritt
    - NT3 angemessene technologie
    - NT3 technologietransfer
- NT1 sozialer fortschritt
- rt aenderung
- rt wirtschaftl entwicklung

SOZIALGEOGRAPHIE
- rt agrargeographie
- rt geographie
- rt laendliche sozialforschung

SOZIALISATION
- NT1 kollektivierung
- NT1 sozialbewusstsein
- NT1 soziale anpassung
  - NT2 nichtanpassung
- NT1 soziale differenzierung
- NT1 soziale integration
- NT1 soziale krise
  - NT2 abweichendes verhalten
    - NT3 alkoholismus
    - NT3 kriminalitaet
  - NT2 konflikt
  - NT2 soziale isolierung
  - NT2 soziale unruhe
    - NT3 klassenkampf
- NT1 soziale teilnahme
  - NT2 soziale aktivitaet
- rt kooperation

SOZIALSTRUKTUR
- NT1 soziale schichtung
  - NT2 eigentumsverhaeltnisse
  - NT2 rolle
    - NT3 rollenaenderung
    - NT3 rollenerwartung
    - NT3 rollenkonflikt
  - NT2 soziale klasse
    - NT3 herrschende klasse
    - NT3 mittelschicht
    - NT3 oberschicht
    - NT3 unterschicht
  - NT2 soziale mobilitaet
    - NT3 horizontale mobilitaet
    - NT3 vertikale mobilitaet
      - NT4 sozialer abstieg
      - NT4 sozialer aufstieg
  - NT2 status
    - NT3 beruflicher status
    - NT3 berufsprestige
    - NT3 elite
    - NT3 sozialoekonomischer status
- NT1 soziales gleichgewicht
- rt struktur

SOZIALSYSTEM
- NT1 institution
  - NT2 institutionalisierung
- NT1 macht
  - NT2 autoritaet
  - NT2 fuehrung
  - NT2 politische macht
- NT1 rechtssystem
  - NT2 rechtsschutz
- NT1 religion

SOZIALSYSTEM (C)
  - NT2 kirche
    - NT3 kirche im laendlichen raum
- NT1 soziale kontrolle
- NT1 soziale norm
  - NT2 gewohnheit
  - NT2 tradition

SOZIOLOGIE DER ARBEIT
- rt arbeitsbedingung
- rt arbeitsstudie

UMWELT
- NT1 laendliche umwelt
  - NT2 agrargeographie
  - NT2 laendliche entwicklung
    - NT3 gemeindeentwicklung
      - NT4 animation en milieu rural
    - NT3 laendliche siedlung
  - NT2 laendliche gemeinde
    - NT3 dorf
  - NT2 laendlicher raum
- NT1 naturkatastrophe
- NT1 oekologie
- NT1 stadt-land
  - NT2 urbanisierung
- NT1 staedtische umwelt
  - NT2 staedtischer raum
    - NT3 stadt
    - NT3 stadtnahe landwirtschaft
    - NT3 stadtumland
- rt landschaft
- rt landw belastung
- rt landwirtschaft als geschaedigte
- rt umweltpolitik

VERHALTEN
- NT1 bewusstsein
- NT1 einstellung
  - NT2 politische einstellung
- NT1 ideologie
- NT1 kollektivverhalten
- NT1 meinung
- NT1 stereotyp
- rt verbraucherverhalten
- rt verhalten der landwirte

WANDERUNG
- NT1 auswanderung
- NT1 einwanderung
- NT1 entvoelkerung des laendl raumes
- NT1 geographische mobilitaet
  - NT2 land-stadt-wanderung
  - NT2 pendelwanderung
  - NT2 saisonale wanderung
  - NT2 stadt-land-wanderung

WIRTSCHAFTSSOZIOLOGIE
- NT1 verbraucherverhalten
  - NT2 ernaehrungsgewohnheit
  - NT2 kaufverhalten
- NT1 verhalten der landwirte
- rt verbraucherausgaben
- rt verbrauchermotivation

AUSWERTUNG
NT1 messung
rt effizienz
rt planung

AUTOMATION
rt computer
rt kybernetik
rt mechanisierung
rt technischer fortschritt

BIBLIOTHEK
rt dokumentationszentrum

DATENERFASSUNG
rt datenverarbeitung
rt statistische erhebung
rt stichprobenverfahren
rt zaehlung

DATENVERARBEITUNG
NT1 dialogbetrieb
rt datenerfassung

DOKUMENTATION
NT1 datenbank
NT1 datenbasis
rt geschichte
rt information
rt informationssuche
rt laendliche sozialforschung
rt verbreitung forschungsergebnisse

DOKUMENTATIONSZENTRUM
rt bibliothek

EDV
rt boolesche algebra
rt software

FERNERKUNDUNG
(im sinne von fr. "teledetection" und eng. "remote sensing")
NT1 fernerkundung durch satelliten

GESCHICHTE
rt dokumentation

HARDWARE
NT1 computer
NT2 minicomputer

INFORMATION
NT1 oeffentlichkeitsarbeit
rt beratung
rt dokumentation
rt informationsverarbeitung
rt kommunikation
rt massenmedien
rt verbreitung forschungsergebnisse

INFORMATIONSSUCHE
NT1 karteikartendienst
NT1 profildienst
NT1 retrospektive suche
rt dokumentation

INFORMATIONSVERARBEITUNG
NT1 dokumentationssprache
NT2 thesaurus
NT1 dokumentenanalyse
NT2 indexierung
NT2 klassifikation
NT2 kurzreferat
NT1 informationsspeicherung
NT2 mikroform
rt information

KYBERNETIK
rt automation
rt mathematik
rt unternehmensforschung

MATHEMATIK
NT1 boolesche algebra
NT1 finanzmathematik
NT2 versicherungsmathematik
NT1 integral-und differentialrechnung
NT1 matrizenrechnung
NT1 moderne mathematik
rt graphentheorie
rt kybernetik
rt systemanalyse

MODELL
NT1 betriebsmodell
NT1 dynamisches modell
NT1 modell des internationalen handels
NT1 oekonometrisches modell
NT1 transportmodell

OEKONOMETRIE
NT1 nichtparametrisches verfahren
NT1 parametrisches verfahren
NT2 entscheidungsanalyse
NT3 angebotsfunktion
NT3 elastizitaet
NT3 flexibilitaet
NT3 investitionsfunktion
NT3 nachfragefunktion
NT3 nutzfunktion
NT3 produktionsfunktion
NT3 sparkfunktion
NT3 verbrauchsfunktion
NT2 simultane gleichungsanalyse
rt soziologische methode
rt unternehmensforschung

PLANUNG
NT1 entwicklungsplanung
NT2 entwicklungsprojekt
NT1 indikative planung
NT1 interregionale planung
NT1 intersektorale planung
NT1 kommunale planung
NT1 landw planung
NT1 marktplanung
NT1 normative planung
NT1 planung im laendlichen raum
NT2 landw bauen
NT2 zentraler ort
NT1 raumordnung
NT1 raumplanung
NT2 abgrenzung laendlicher raeume
NT2 freiraum
NT1 sektorale planung
NT1 staatliche planung
rt arbeitsplanung
rt auswertung
rt betriebsplanung
rt nichtoptimierungsverfahren
rt optimierungsverfahren
rt plandurchfuehrung und evaluierung
rt unternehmensforschung

PROGNOSE
NT1 projektion

PROGRAMMIERUNG
NT1 computer programmierung
NT1 dynamische programmierung
NT1 ganzzahlige programmierung
NT1 konkave programmierung
NT1 konvexe programmierung
NT1 lineare programmierung
NT1 nichtlineare programmierung
NT1 parametrische programmierung
NT1 quadratische programmierung
NT1 rekursive programmierung
NT1 stochastische programmierung
rt nichtoptimierungsverfahren
rt optimierungsverfahren
rt programmkontrolle

SOFTWARE
rt computer
rt edv

STATISTIK
NT1 analytische statistik
NT2 statistische inferenz
NT3 chi-quadrat-test
NT3 diskriminanzanalyse
NT3 faktoranalyse
NT3 hauptkomponentenanalyse
NT3 korrelation
NT3 methode der kleinsten quadrate
NT3 multikollinearitaet
NT3 querschnittsanalyse
NT3 regressionsanalyse
NT3 spektralanalyse
NT3 student-test
NT3 varianzanalyse
NT2 stichprobenverfahren
NT1 beschreibende statistik
NT2 mittelwertsmerkmal
NT3 durchschnitt
NT2 verteilungsmerkmal
NT3 standardabweichung
NT3 varianz
NT3 zeitreihe
NT4 saisonalitaet
NT1 graphentheorie
NT1 graphische darstellung
NT1 stochastische statistik
NT2 wahrscheinlichkeitsanalyse
rt zaehlung

STATISTISCHE ERHEBUNG
NT1 betriebsstatistik
NT2 eg-buchfuehrungsnetz
rt datenerfassung
rt stichprobenverfahren
rt zaehlung

TAGUNG
rt veroeffentlichung
rt wirtschaftsverband

UNTERNEHMENSFORSCHUNG
NT1 bayesische theorie
NT1 nichtoptimierungsverfahren
NT2 input-output-analyse
NT2 kosten-nutzen-analyse
NT2 markov-kette
NT2 planung-programmier-finanzier-syst
NT2 simulation
NT3 monte carlo-programmierung
NT2 spieltheorie
NT2 systemanalyse
NT2 voranschlagsplanung
NT1 optimierungsverfahren
NT2 modell des internationalen handels
NT2 transportmodell
NT1 plandurchfuehrung und evaluierung
NT2 cash-flow-analyse
NT2 kritischer pfad
NT2 netzplananalyse
NT2 pert
NT2 warteschlange
NT1 programmkontrolle
NT2 altai-programm
NT2 budgetkontrolle
rt graphentheorie
rt kybernetik
rt oekonometrie
rt planung
rt soziologische methode

VEROEFFENTLICHUNG
NT1 bericht
NT1 buch
NT1 dissertation
NT1 graue literatur
NT1 handbuch
NT1 karten
NT1 woerterbuch
NT1 zeitschrift
NT2 referatezeitschrift
NT3 bibliographie
rt tagung

ZAEHLUNG
NT1 landwirtschaftszaehlung
NT1 volkszaehlung
rt datenerfassung
rt statistik
rt statistische erhebung

AGRARRECHT
rt vertragsrecht

BODENNUTZUNG
(planung und verteilung andw und nicht landw flaechen)
rt abgrenzung laendlicher raeume
rt boden
rt landschaftspflege
rt pflanzliche produktionstechnik

BODENORDNUNG
NT1 forstwirtschaft
NT2 aufforstung
NT1 oeffentlicher landbesitz
NT2 gemeindeland
NT2 nationalpark
NT2 staatswald
NT1 wasserwirtschaft
rt forstpolitik

EG-RECHTSENTSCHEID
rt ewg-vertrag
rt rechtsentscheid

EIGENTUEMER
rt landw pachtwesen
rt pachtruecknahme
rt paechter
rt rechte des verpaechters

EIGENTUM
NT1 eigentumsbeschraenkung
NT2 dienstbarkeit
NT2 enteignung
NT2 nutzungsbeschraenkung
NT1 gemeinschaftseigentum
NT1 niessbrauch
NT1 oeffentliches eigentum
NT1 privateigentum
rt flurbereinigung
rt grundeigentum

EIGENTUMSERWERB
NT1 accession
NT1 eigentumsschutz
NT1 ersitzung
NT1 vererbung
NT2 erbabfindung
NT2 erbteilung
NT2 geschlossene vererbung
NT1 vertrag

FISCHEREI
rt betriebszweig
rt fischhaltung
rt freizeitbeschaeftigung

GENEHMIGUNG
NT1 baugenehmigung
rt verordnung

GESELLSCHAFTSRECHT
rt handelsgesellschaft
rt handelsrecht
rt rechtsform

GESUNDHEITSRECHT
NT1 lebensmitteluerberwachung
rt pflanzenkrankheit
rt tierkrankheit

GRUNDBESITZVERHAELTNISSE
NT1 eigenbewirtschaftung
NT1 pacht
NT2 pachtvertrag
NT1 teilpacht

GRUNDEIGENTUM
NT1 besitzuebergang
NT2 erbschaft
NT2 grundstuecksverkehr
NT2 hypothek
rt eigentum

GRUNDEIGENTUM (C)
rt eigentumsverhaeltnisse
rt kataster

HANDELSRECHT
rt gesellschaftsrecht
rt handel
rt rechtsform

KATASTER
rt grundeigentum

LANDW PACHTWESEN
NT1 betriebspacht
NT1 erbpacht
NT1 viehpacht
NT1 weidepacht
rt eigentuemer
rt pachtdauer
rt pachtruecknahme
rt pachtvertrag
rt paechter

LANDWIRTSCHAFTSGERICHT
rt rechtsprechung

PACHTAUFLOESUNG
NT1 pachtruecknahme
rt vorkaufsrecht

PACHTDAUER
rt landw pachtwesen

PAECHTER
rt eigentuemer
rt landw pachtwesen
rt rechte des paechters

RECHTE DES PAECHTERS
rt paechter

RECHTE DES VERPAECHTERS
rt eigentuemer

RECHTSFINDUNG
NT1 gesetzauslegung
NT1 rechtsentscheid
NT1 rechtsprechung

RECHTSFORM
rt gesellschaftsrecht
rt gesetzgebung
rt handelsgesellschaft
rt handelsrecht

RECHTSQUELLE
NT1 berufsstatut
NT1 eg-recht
NT2 ewg-vertrag
NT3 eg-verordnung
NT1 gesetzgebung
NT2 buergerliches recht
NT2 forstgesetz
NT2 gesetz
NT3 laendergesetz
NT2 landwirtschaftsgesetz
NT2 verordnung
NT3 verfuegung
NT1 gewohnheitsrecht
NT1 grundgesetz
NT1 kommunale verordnung
NT1 vereinbarung

SOZIALPOLITIK
NT1 agrarsozialpolitik
rt gesetzgebung
rt politik
rt soziale sicherung

SOZIALRECHT
NT1 arbeitsrecht
NT2 arbeitsschutz
NT2 streik
rt vertragsrecht

STRASSENNETZ
NT1 laendliches strassennetz
NT1 landw wegenetz

UNVERAEUSSERLICHES LAND
rt bodenmobilitaet
rt geschlossene vererbung

VERTRAGSRECHT
rt agrarrecht
rt integration
rt sozialrecht

VERWALTUNG
NT1 bundesregierung
NT2 landwirtschafsministerium
NT1 halbstaatliche institution
NT1 kommunale verwaltung
NT2 gemeinde
NT1 landesregierung
NT1 oeffentliche institution
NT1 private institution

VORKAUFSRECHT
rt pachtaufloesung
rt vertrag

WALDEIGENTUM
NT1 kommunalwald
NT1 privatwald
NT1 staatswald

WASSERSTRASSE
rt wasser
rt wasserwirtschaft

ALKOHOL
rt alkoholhaltiges get-aenk

BACKWAREN
NT1 brot
rt backwarenindustrie
rt getreideerzeugnis
rt nahrungsmittel

BIENE
rt bienenhaltung
rt honig

EI
rt eierzeugnis
rt nahrungsmittel

EIERZEUGNIS
rt ei
rt nahrungsmittel

EIWEISS
NT1 eiweiss-substitut
NT1 pflanzeneiweiss
NT1 tierisches eiweiss
rt ernaehrung

ERSATZLEBENSMITTEL
NT1 fleischersatz
NT1 margarine
NT1 milchersatz
NT1 suesstoff
rt substitution

FELDFRUCHT
NT1 arzneipflanze
NT1 baum und strauch
NT1 duftstoffpflanze
NT1 faserpflanze
NT2 baumwolle
NT2 faserflachs
NT2 hanf
NT2 kapok
NT2 sisal
NT1 futterpflanze
NT2 klee
NT2 luzerne
NT1 getreide
NT2 brotgetreide
NT2 buchweizen
NT2 futtergetreide
NT3 getreide ausser weizen
NT2 gerste
NT3 braugerste
NT3 futtergerste
NT2 hafer
NT2 hirse
NT2 mais
NT3 koernermais
NT3 silomais
NT2 reis
NT2 roggen
NT2 sorghum
NT2 triticale
NT2 weizen
NT3 hartweizen
NT3 weichweizen
NT1 gewuerzpflanze
NT1 gras
NT1 hackfrucht
NT2 futterruebe
NT2 kartoffel
NT3 futterkartoffel
NT3 industriekartoffel
NT3 speisekartoffel
NT2 maniok
NT2 weisse ruebe
NT2 yams
NT2 zuckerruebe
NT1 hopfen
NT1 oelsaaten
NT2 erdnuss
NT2 leinsamen
NT2 raps

FELDFRUCHT (C)
NT2 rizinus
NT2 senf
NT2 sesam
NT2 sojabohne
NT1 zierpflanze
NT2 blume
NT3 blumenzwiebel
NT1 zuckerrohr
NT1 zwischenfrucht
rt ackerbau
rt bodennutzungsform

FETT
NT1 fetterzeugnis
NT1 pflanzenfett
NT2 baumwolloel
NT2 erdnussoel
NT2 kokosnussoel
NT2 maisoel
NT2 olivenoel
NT2 palmoel
NT2 sojaoel
NT2 sonnenblumenoel
NT1 tierisches fett
rt oel- und fettindustrie

FISCH
rt fischerzeugnis
rt fischhaltung

FISCHERZEUGNIS
rt fisch
rt nahrungsmittel
rt verzehrsfertiges lebensmittel

FLEISCH
NT1 gefluegelfleisch
NT1 innereien
NT1 kalbfleisch
NT1 lammfleisch
NT1 pferdefleisch
NT1 rindfleisch
NT1 schaffleisch
NT1 schweinefleisch
rt fleischerzeugnis
rt fleischwirtschaft
rt nahrungsmittel

FLEISCHERZEUGNIS
NT1 durchwachsener speck
NT1 schinken
NT1 trockenfleisch
NT1 wurstware
rt fleisch
rt nahrungsmittel
rt verzehrsfertiges lebensmittel

GEFLUEGEL
NT1 ente
NT1 gans
NT1 huehnchen
NT2 junghahn
NT2 kueken
NT2 legehenne
NT1 pute
NT1 wildgefluegel
NT2 fasan
NT2 rebhuhn
NT2 taube
rt gefluegelhaltung
rt vieh

GEMUESE
NT1 artischocke
NT1 aubergine
NT1 batate
NT1 blumenkohl
NT1 broccoli
NT1 chicoree
NT1 endivie
NT1 essiggurke
NT1 frischgemuese
NT1 gruener salat

GEMUESE (C)
NT1 gurke
NT1 kichererbse
NT1 knoblauch
NT1 kohl
NT2 gruenkohl
NT2 rotkohl
NT2 weisskohl
NT2 wirsingkohl
NT1 kohlrabi
NT1 kresse
NT1 kuerbis
NT1 leguminosen
NT2 erbse
NT3 futtererbse
NT2 gartenbohne
NT3 gruene bohne
NT3 limabohne
NT3 pferdebohne
NT3 puffbohne
NT3 schminkbohne
NT3 weisse bohne
NT2 linse
NT1 markkuerbis
NT1 moehre
NT1 okra
NT1 paprikaschote
NT1 pastinake
NT1 porree
NT1 radieschen
NT1 rosenkohl
NT1 rote ruebe
NT1 schalotte
NT1 sellerie
NT1 sellerieknolle
NT1 spargel
NT1 speisepilz
NT1 spinat
NT1 steckruebe
NT1 tomate
NT1 turbankuerbis
NT1 zuckermais
NT1 zwiebel
rt gemuesebau
rt gemueseerzeugnis

GEMUESEERZEUGNIS
NT1 kartoffelerzeugnis
NT1 sojaerzeugnis
rt gemuese
rt nahrungsmittel
rt verzehrsfertiges lebensmittel

GETRAENK
NT1 alkoholfreies getraenk
NT2 kaffee
NT2 matetee
NT2 tee
NT1 alkoholhaltiges getraenk
NT2 apfelwein
NT2 bier
NT2 branntwein
NT2 likoer
NT2 wein
NT3 qualitaetswein
NT3 sekt
NT3 tafelwein
rt nahrungsmittel

GETREIDEERZEUGNIS
NT1 getreidemehl
NT2 hafermehl
NT2 maismehl
NT2 reismehl
NT2 roggenmehl
NT2 weizenmehl
NT1 haferflocken
NT1 kornflakes
NT1 perlgraupen
NT1 teigwaren
rt backwaren
rt getreide
rt nahrungsmittel

HONIG
rt biene
rt bienenhaltung
rt nahrungsmittel

INDUSTRIEPFLANZE
NT1 hevea
NT1 tabak
rt faserpflanze
rt oelsaaten

KAKAO
rt instantkakao
rt nahrungsmittel

KANINCHEN
rt kleintierhaltung

KREBSTIER
rt aquakultur

MILCH
NT1 magermilch
rt milchprodukt
rt nahrungsmittel

MILCHPRODUKT
NT1 butter
NT1 evaporierte milch
NT1 gezuckerte kondensmilch
NT1 kaese
NT2 hartkaese
NT2 schmelzkaese
NT2 weichkaese
NT1 milcheiweiss
NT1 milchfett
NT1 milchmischgetraenk
NT1 milchpulver
NT2 magermilchpulver
NT1 molke
NT1 rahm
NT1 sauermilch
NT2 buttermilch
NT2 joghurt
rt milch
rt nahrungsmittel

NUSS
NT1 esskastanie
NT1 haselnuss
NT1 hickorynuss
NT1 kaschunuss
NT1 kokosnuss
NT1 kolanuss
NT1 mandel
NT2 bittermandel
NT2 suesse mandel
NT1 paranuss
NT1 pekannuss
NT1 pistazie
NT1 sheanuss
NT1 walnuss
rt obst

OBST
NT1 beerenobst
NT2 blaubeere
NT2 brombeere
NT2 erdbeere
NT2 himbeere
NT2 rote johannisbeere
NT2 schwarze johannisbeere
NT2 stachelbeere
NT1 feige
NT1 frischobst
NT1 granatapfel
NT1 kaki
NT1 kernobst
NT2 apfel
NT2 birne
NT2 quitte
NT1 melone
NT1 rhabarber
NT1 steinobst

OBST (C)
NT2 aprikose
NT2 kirsche
NT2 olive
NT2 pfirsich
NT3 nectarine
NT2 pflaume
NT1 suedfrucht
NT2 ananas
NT2 avocado
NT2 banane
NT2 dattel
NT2 gujava
NT2 mangofrucht
NT2 papayafrucht
NT2 passionsfrucht
NT1 trauben
NT1 wassermelone
NT1 wildfrucht
NT1 zitrusfrucht
NT2 clementine
NT2 mandarine
NT2 orange
NT2 pampelmuse
NT2 zitrone
rt nuss
rt trockenfrucht

OBSTERZEUGNIS
NT1 fruchtsaft
NT1 marmelade
NT1 nusserzeugnis
NT1 orangenmarmelade
NT1 trockenfrucht
NT2 rosine
NT2 trockenpflaume
rt nahrungsmittel
rt verzehrsfertiges lebensmittel

PFERD
NT1 fohlen
NT1 hengst
NT1 stute
NT1 wallach
rt pferdehaltung

PRODUKT
NT1 agrarprodukt
NT1 basisprodukt
NT1 nahrungsmittel
NT1 nebenprodukt
NT1 rohstoff
NT2 forstprodukt
NT1 verarbeitungsprodukt

RINDVIEH
NT1 bueffel
NT1 bulle
NT1 faerse
NT1 fleischrind
NT1 kalb
NT1 kuh
NT2 ammenkuh
NT2 milchkuh
NT2 schlachtkuh
NT1 spannvieh
NT1 tungochse
NT1 zweinutzungsrind
rt rindviehhaltung
rt vieh

SCHAF
NT1 lamm
NT1 mutterschaf
NT1 schafbock
NT1 wollschaf
NT1 zweinutzungsschaf
rt schafhaltung
rt vieh

SCHOKOLADE
rt nahrungsmittel
rt suesswaren

SCHWEIN
NT1 eber
NT1 ferkel
NT1 sau
rt schweinehaltung
rt vieh

SUESSWAREN
rt nahrungsmittel
rt schokolade
rt zucker

VERZEHRSFERTIGES LEBENSMITTEL
(lebensmittel die mit oder ohne erhitzung bzw. zusatz von fluessigkeit mehr oder weniger verzehrsfertig ist)
NT1 diaetetisches lebensmittel
NT2 kindernaehrmittel
NT1 instantlebensmittel
NT2 instantkaffee
NT2 instantkakao
NT2 instanttee
NT1 trockenlebensmittel
NT2 gefriergetrocknete lebensmittel
rt fischerzeugnis
rt fleischerzeugnis
rt gemueseerzeugnis
rt nahrungsmittel
rt obsterzeugnis

VIEH
rt bestandsgroesse
rt gefluegel
rt rindvieh
rt schaf
rt schwein
rt ziege

WILD
NT1 reh
rt jagd
rt wildgefluegel

WILDARTEN
NT1 fauna
NT1 flora

ZIEGE
NT1 geiss
NT1 ziegenbock
NT1 ziegenlamm
rt vieh
rt ziegenhaltung

ZUCKER
NT1 rohrzucker
NT1 ruebenzucker
NT1 staerkezucker
rt nahrungsmittel
rt suesstoff
rt suesswaren
rt zuckerrohr
rt zuckerruebe

ZUSATZSOFF
NT1 antibiotika
NT1 aromastoff
NT1 farbstoff
NT1 konservierungsstoff
NT1 mineralischer zusatzstoff
NT1 vitamine
rt futtermittel
rt gewerbliche futtermittel
rt konservierung
rt nahrungsmittel

Kolibri 360 GmbH
Ferdinand-Jühlke-Straße 7
99095 Erfurt, Deutschland
produktsicherheit@kolibri360.de